"十四五"职业教育国家规划教材

高等职业教育"新资源、新智造"系列精品教材

PLC、变频器与触摸屏技术及实践
（第2版）

马宏骞　许连阁　主　编
石敬波　杨弟平　贾啸宇　副主编

U0226235

电子工业出版社

Publishing House of Electronics Industry

北京·BEIJING

内 容 简 介

本书以三菱公司的 FX 系列 PLC、FR-A700 系列变频器和 GOT SIMPLE 系列触摸屏为学习对象，以电气技术人员岗位能力要求为依据，以学习成果为导向，以实操能力培养为切入点，详细介绍了 PLC、变频器和触摸屏综合应用技术。

全书共包括 3 部分。第 1 部分介绍 PLC 技术应用，包含认识 PLC 和 PLC 程序设计 2 个学习项目；第 2 部分介绍变频器技术应用，包含认识变频器、变频器基础操作训练和变频器高级操作训练 3 个学习项目；第 3 部分介绍人机交互技术应用，设置了组态应用技术学习项目。

本书工程实用性强，理论知识适度够用、操作训练易于上手，同时配备了丰富的新媒体教学资源，可作为高职高专院校电气自动化技术专业、机电一体化技术专业及自动化生产设备专业的教学用书，也可作为培训机构和企业的培训用书，以及相关技术人员的参考用书。

图书在版编目（CIP）数据

PLC、变频器与触摸屏技术及实践 / 马宏骞，许连阁主编. —2 版. —北京：电子工业出版社，2019.11
ISBN 978-7-121-37780-8

Ⅰ. ①P… Ⅱ. ①马… ②许… Ⅲ. ①PLC 技术－高等职业教育－教材②变频器－高等职业教育－教材③触摸屏－高等职业教育－教材 Ⅳ. ①TM571.6②TN773③TP334.1

中国版本图书馆 CIP 数据核字（2019）第 240068 号

责任编辑：王昭松

印　　刷：河北鑫兆源印刷有限公司
装　　订：河北鑫兆源印刷有限公司
出版发行：电子工业出版社
　　　　　北京市海淀区万寿路 173 信箱　邮编　100036
开　　本：787×1 092　1/16　印张：16.75　字数：428.8 千字
版　　次：2014 年 2 月第 1 版
　　　　　2019 年 11 月第 2 版
印　　次：2025 年 1 月第 10 次印刷
定　　价：54.00 元

前　言

一、缘起

在现代工业控制系统中，PLC、变频器和触摸屏的综合应用最为普遍。因此，学习 PLC、变频器和触摸屏这 3 方面知识对电气自动化专业的学生来说非常重要。

二、结构

全书共包括 3 部分。第 1 部分介绍 PLC 技术应用，包含认识 PLC 和 PLC 程序设计 2 个学习项目；第 2 部分介绍变频器技术应用，包含认识变频器、变频器基础操作训练和变频器高级操作训练 3 个学习项目；第 3 部分介绍人机交互技术应用，设置了组态应用技术学习项目。针对不同的学习内容，在每个项目中又设置了若干个实例，本书共提供了 44 个实例。

三、特色

1. 校企合作、协同育人

为准确把握高职教材特色、突出职业能力培养主线、实现理论与实践的高效对接，本书的编写大纲由校企专家共同审议商定。本书作者职业教学背景深厚、职业特色鲜明，团队中不仅有教学一线的资深教师，还有三菱电机自动化（中国）有限公司的技术专家，他们为本书的编写提供了最有力的技术支撑。

2. 素材真实、指导性强

本书的取材全部来自实践，内容贴近实战，力求体现"真事、真学、真做"。本书特别融入作者多年来积累的实践经验，在正文中大量穿插"课堂讨论""工程经验""案例剖析"等互动内容，这些内容写实性强，是作者针对工程中实际遇到的问题而专门设置的，具有很高的实践指导性，对快速提高工控实践能力有很大帮助。

3. 内容新颖、技术全面

本书依据岗位能力要求，将 PLC、变频器与触摸屏 3 部分的内容进行了有效整合，充分满足分段、分时和分层教学需要。我们将编写的重点放在"数字化、信息化、网络化"上，充分体现典型性、实用性、示范性和普适性。在 PLC 部分，着重分析编程思想和程序建模；在变频器部分，着重训练变频器的精细调节和通信控制；在触摸屏部分，详细介绍组态工程的构建和数据通信连接。

4. 教学资源丰富，支持新形态教学

本书配备了大量高品质教学资源，包括现场实操视频、二维原理动画、三维结构动画和微课。这些资源对本书的重点学习内容进行了生动描述和详细分析，能全方位支持新形态教学。

四、致谢

本书由辽宁机电职业技术学院老师、三菱电机自动化（中国）有限公司工程技术人员和郑州市商贸管理学校老师共同编写，由马宏骞、许连阁担任主编，石敬波、杨弟平和贾啸宇担任副主编。其中，马宏骞编写了项目 1、项目 2 和附录 A，贾啸宇编写了项目 3，杨弟平编写了项目 4，许连阁编写了项目 5 和附录 B，石敬波编写了项目 6。

任何一本新书都是在认真总结和借鉴前人成果的基础上创新发展起来的，本书在编写过程中无疑也参考和引用了许多前人的著作与论文。在此向本书所参考和引用其著作和论文的作者表示最诚挚的敬意和感谢！

由于编者水平所限，书中不妥之处在所难免，敬请各位读者给予批评和指正。请您把对本书的意见和建议告诉我们，以便修订时改进。所有意见和建议请发至 zkx2533420@163.com。

编　者

2019 年 8 月

目　　录

项目 1   认识 PLC

 **知识要求**

（1）了解 PLC 的产生、特点、应用、分类和发展方向等。
（2）熟悉 PLC 的结构及接线端子。
（3）掌握 PLC 的工作原理，熟悉 PLC 的内部资源。
（4）了解 PLC 的编程语言，掌握梯形图的编程规则、技巧和方法。

技能要求

（1）认识 PLC，能准确读取 PLC 的铭牌信息。
（2）能识别 PLC 的输入/输出接口，能对 PLC 外部端子进行接线操作。
（3）能熟练使用三菱 GX Works2 编程软件，能对 PLC 进行编程操作。

项目分析

20 世纪 60 年代，在集成电路和计算机技术基础上诞生了一种新型的工业控制设备，它的出现带来了电气控制技术领域的一场革命，它就是 PLC。PLC 为什么具有这般神奇的作用呢？这就是本项目要介绍的内容。

PLC 是英文 Programmable Logic Controller 的缩写，翻译成中文为可编程序逻辑控制器。早期的可编程序逻辑控制器主要用来代替继电器实现逻辑控制，随着技术的发展，它的功能已经大大超出了逻辑控制的范畴，因此，又被称为可编程序控制器（Programmable Controller），简称 PC。为了避免与个人计算机（Personal Computer）的简称混淆，人们习惯上将可编程序控制器简称为 PLC。

本项目选择三菱 FX_{3U} PLC 作为学习机型，主要介绍 PLC 的结构、工作原理、性能指标和编程语言等基础知识，并学习三菱 GX Works2 编程软件的使用方法。

1.1 PLC 基础知识

1. PLC 的定义

国际电工委员会（IEC）于 1985 年 1 月对可编程序控制器做了如下的定义："可编程序控制器是一种数字运算操作的电子系统，专为在工业环境下的应用而设计。它采用可编程序的存储器，用来在其内部存储执行逻辑运算、顺序控制、定时、计数和算术运算等操作的指令，并通过数字式或模拟式的输入/输出接口，控制各种类型的机械设备或生产过程。可编程序控制器及其有关设备都应按易于与工业控制系统形成一个整体、易于扩充其功能的原则设计。"

2. PLC 的产生及发展

PLC 产生的主因是替代传统的继电器控制。1968 年，毕业于麻省理工学院物理系的迪克·莫利（Dick Morley）发明了世界上第一台 PLC，开启了工业控制的 PLC 时代。正式产品在 1969 年由美国数据设备公司生产，并成功应用在通用公司的生产线上。从 1970 到 1980 年，经过不断的改进与发展，PLC 的结构最终定型，当时主要面向机床、生产线的应用。从 1980 年开始，PLC 的应用开始向顺序控制工业领域扩展。从 2000 年至今，PLC 向高性能与网络化方向发展，其应用面向全部工业自动化控制领域。未来的 PLC 将朝着两极化、多功能、智能化和网络化的方向发展。

3. PLC 的特点

在工业控制方面，PLC 具有许多优点，它较好地解决了控制系统的可靠性、安全性、灵活性、方便性、经济性等问题，其主要特点包括以下几点。

（1）可靠性高，抗干扰能力强。

（2）适应性好，具有柔性。

（3）功能完善，接口多样。

（4）易于操作，维护方便。

（5）编程直观，简单易学。

4. PLC 的应用

PLC 作为工业自动化的核心设备应用极为广泛，可以说只要有工厂、有控制要求，就会有 PLC 的应用。目前，PLC 主要应用在开关量逻辑控制、模拟量过程控制、运动控制、现场数据采集处理及通信联网、多级控制等方面。

5. PLC 的铭牌

PLC 的铭牌不仅是产品的身份标识，还是机型选用、程序设计和售后维修的重要依据。三菱 FX_{3U} PLC 的铭牌如图 1-1 所示。

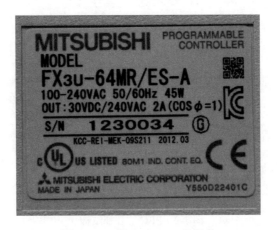

图 1-1　三菱 FX$_{3U}$ PLC 的铭牌

三菱 FX$_{3U}$ PLC 产品型号的命名规则如下。

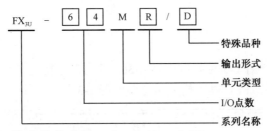

I/O 点数：PLC 输入/输出的总点数，在 10～256 之间。

单元类型：M 代表基本单元，E 代表扩展单元（I/O 混合），EX 代表扩展输入单元（模块），EY 代表扩展输出单元（模块）。

输出形式：R 代表继电器输出型，该输出形式有触点，可带交、直流负载；

　　　　　T 代表晶体管输出型，该输出形式无触点，可带直流负载；

　　　　　S 代表晶闸管输出型，该输出形式无触点，可带交流负载。

特殊品种：D 为 DC 电源，表示 DC 输出；A 为 AC 电源，表示 AC 输入或 AC 输出；H 表示大电流输出扩展模块；V 表示立式端子排扩展模块；C 表示接插口 I/O 方式；F 表示输出滤波时间常数为 1ms 的扩展模块。

6．PLC 的结构

1）外部结构

三菱 FX$_{3U}$ PLC 将电源、微处理器、存储器和一定数量的开关量 I/O 端子集成封装在一起，从而形成一个功能强大的紧凑型 PLC，其外部结构如图 1-2 所示。

在三菱 FX$_{3U}$ PLC 面板上设有指示灯，用来指示 PLC 的各种状态，具体含义如下。

（1）当 PLC 上电后，POWER 指示灯点亮。

（2）当 PLC 程序处于运行状态时，RUN 指示灯点亮。

（3）当 PLC 备用电池电量不足时，BATT 指示灯点亮。

（4）当 PLC 的 CPU 出错时，ERROR 指示灯点亮。

（5）当 PLC 的输入端口有信号输入时，X 指示灯点亮。

（6）当 PLC 的输出端口有信号输出时，Y 指示灯点亮。

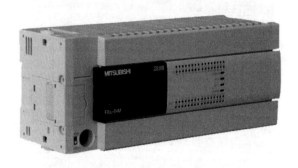

图 1-2   PLC 的外部结构

另外，在三菱 FX$_{3U}$ PLC 面板上还设有转换开关，用来选择转换 PLC 的工作状态。当选择"RUN"挡位时，允许 PLC 执行用户程序。当选择"STOP"挡位时，不允许 PLC 执行用户程序。

2）内部结构

PLC 实质上是一种专用于工业控制的计算机，其内部结构与微型计算机相同，由硬件系统和软件系统两部分构成。PLC 基本构成示意图如图 1-3 所示，各部分的主要功能如下所述。

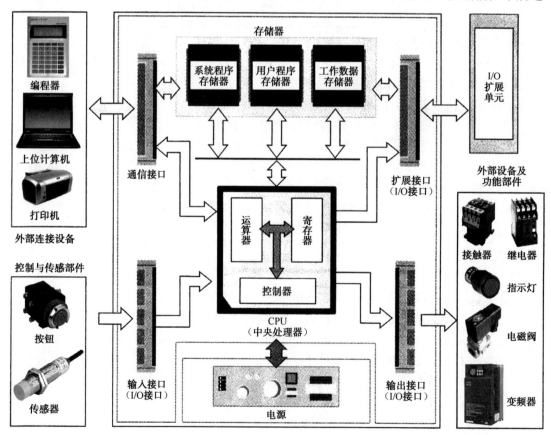

图 1-3   PLC 基本构成示意图

（1）中央处理器（CPU）。

CPU 负责指挥信号和数据的接收与处理、程序执行、输出控制等系统工作。

（2）系统存储器（ROM）。

ROM 内部固化了厂家的系统管理程序与用户指令解释程序，用户不能删改。

（3）用户存储器（RAM）。

RAM 用于存储用户编写的程序，且允许用户删改。

（4）输入接口（I）。

输入接口用于接收由外部元件输入的信号。该接口通常有直流输入和交流输入两种类型，如图 1-4 所示。

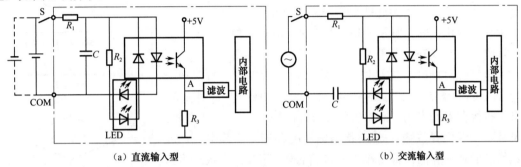

（a）直流输入型　　　　　　　　　　（b）交流输入型

图 1-4　PLC 输入接口类型

（5）输出接口（O）。

输出接口用于驱动执行元件。该接口通常有继电器输出、晶体管输出和晶闸管输出 3 种类型，如图 1-5 所示，其中继电器输出型最常用。

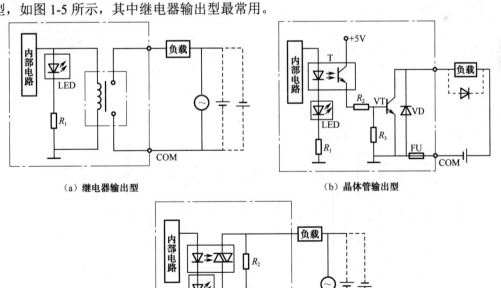

（a）继电器输出型　　　　　　　　　　（b）晶体管输出型

（c）晶闸管输出型

图 1-5　PLC 输出接口的类型

（6）电源。

PLC 需要使用 AC 220V 或 DC 24V 电源供电，有的 PLC 还可以对外电路提供一个容量不大的 DC 24V 电源。

此外，PLC 设有通信接口，可以与外部设备（如计算机、触摸屏等）进行通信连接。PLC 还安装了扩展接口，在有需要时可以接上各种功能扩展卡，增加 PLC 的功能。

7. PLC 的工作原理

PLC 通过执行用户程序来完成各种不同的控制任务，它采用循环扫描的工作方式，整个扫描过程如图 1-6 所示。扫描过程一般包括 5 个阶段：内部处理与自诊断、通信处理、输入采样、程序执行及输出刷新。当方式开关置于 STOP 位置时，只执行前两个阶段；当方式开关置于 RUN 位置时，将执行所有阶段。

上电复位时，PLC 首先进行初始化处理。PLC 的输入端子不直接与 CPU 相连，CPU 对输入/输出状态的询问是针对输入/输出状态暂存器而言的。输入/输出状态暂存器也称 I/O 状态表。该表是一个专门存放输入/输出状态信息的存储区。其中，存放输入状态信息的存储器称为输入映像暂存器；存放输出状态信息的存储器称为输出映像暂存器。开机时，CPU 首先使 I/O 状态表清零，然后进行自诊断。当确认 PLC 硬件工作正常后，才进入循环扫描过程，周而复始地执行输入采样、程序执行、输出刷新 3 个阶段，如图 1-7 所示。

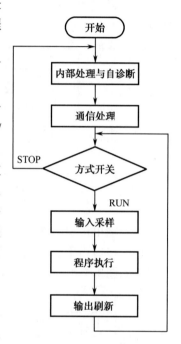

图 1-6　PLC 的扫描过程

（1）输入采样阶段。

在输入采样阶段，CPU 对输入状态进行扫描，将获得的各个输入端子的状态信息送到输入映像暂存器中存放。在同一扫描周期内，各个输入点的状态在 I/O 状态表中一直保持不变，不会受到各输入端子信号变化的影响，因此不会导致运算结果混乱，保证了本周期内用户程序的正确执行。

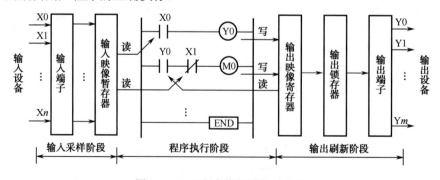

图 1-7　PLC 程序执行过程示意图

（2）程序执行阶段。

在这个阶段，PLC 对用户程序进行依次扫描，并根据各 I/O 的状态和有关的指令进行运算和处理，最后将结果写入输出映像暂存器中。

（3）输出刷新阶段。

在这个阶段，CPU 将输出状态从输出映像暂存器中取出，送到输出锁存电路，驱动输出继电器线圈，控制被控对象执行各种相应的动作。然后，CPU 返回执行下一个循环扫描过程。

在一个扫描周期内，对输入状态的扫描只在输入采样阶段进行。当 CPU 进入程序执行阶段后，输入端被封锁，直到下一个扫描周期的输入采样阶段才对输入状态进行新的扫描，这就是所谓的集中采样，即在 CPU 工作的一个扫描周期内，定时集中对输入状态进行扫描。在用户程序中如果对输出多次赋值，则最后一次赋值有效。在一个扫描周期内，只在输出刷新阶段将输出状态从输出映像暂存器中取出，而在其他阶段，输出状态一直保留在输出映像暂存器中，即输出状态也采取集中定时输出的方式。输出映像暂存器中的输出状态在用户程序中也可作为中间结果或输入条件来使用。

值得注意的是，由于 PLC 采用循环扫描（串行）的工作方式，这必将导致输入/输出响应出现滞后现象。但对于一般工业控制要求来说，这种滞后现象是允许的。

 课堂讨论

> 问题 1：PLC 与传统继电器控制的区别是什么？
> 答案：传统继电器控制是靠硬件连接来实现控制要求的，而 PLC 控制是靠编程来实现控制要求的；传统继电器控制采用硬逻辑并行运行方式，所有常开/常闭触点同时动作，而 PLC 控制采用循环扫描串行运行方式，触点只有在 CPU 扫描到以后才会动作。
> 问题 2：从工作原理角度分析，为什么 PLC 适于在工作现场使用？
> 答案：PLC 采用集中采样、集中输出的工作方式，使得 CPU 工作时大多数时间与外设脱离，因而从根本上提高了它的抗干扰能力，增强了可靠性。

8. PLC 的编程语言

PLC 的编程语言有梯形图、指令表、顺序功能图及其他高级语言等。其中，梯形图是应用最广泛的一种编程语言，下面只对梯形图做一下简单介绍。

梯形图沿袭了继电器控制电路的形式，将 PLC 内部的各种编程元件和各种具有特定功能的命令用专用图形符号、标号定义，并按逻辑要求及连接规律组合和排列，从而构成表示 PLC 输入、输出之间控制关系的图形，如图 1-8 所示。梯形图编程所用符号与继电器符号存在一定的对应关系。如图 1-9 所示为梯形图编程常用的符号与继电器符号对照表。

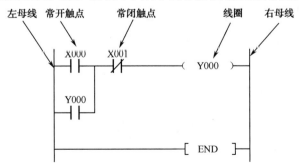

图 1-8　梯形图　　　　　　　　　图 1-9　符号对照表

梯形图由触点、线圈、应用指令和母线等组成。梯形图两侧的竖线称为母线，左侧的竖线称为左母线，右侧的竖线称为右母线。触点代表逻辑输入条件，线圈代表逻辑输出结果。在梯形图中，触点与线圈所代表的意义如表1-1所示。

表1-1　梯形图中触点与线圈所代表的意义

符　号	代表的意义	常用的地址
┤├	常开触点，未接通，存储单元为"0"状态	X、Y、M、T、C
┤█├	常开触点，已接通，存储单元为"1"状态	X、Y、M、T、C
┤/├	常闭触点，未接通，存储单元为"1"状态	X、Y、M、T、C
┤▨├	常闭触点，已接通，存储单元为"0"状态	X、Y、M、T、C
─(Y000)─	继电器线圈，未接通，存储单元为"0"状态	Y、M
◀ Y000 ▶	继电器线圈，已接通，存储单元为"1"状态	Y、M

在分析梯形图中的逻辑关系时，可以借鉴继电器电路图的分析方法，假设左母线为"火线"，右母线为"零线"，如果左、右母线间的开关接点满足导通条件，则"电流"从左母线流向右母线，使右端的线圈得电，称为线圈"使能"；如果左、右母线间的开关接点不满足导通条件，则右端的线圈不能得电，称为线圈"禁能"。以"启—保—停"控制要求为例，既可以采用电气控制方法实现，也可以采用 PLC 控制方法实现，两种控制方法的对比如图 1-10 所示。

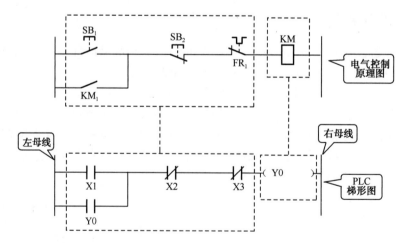

图 1-10　电气控制方法与 PLC 控制方法的对比

9. PLC 的性能指标

PLC 的性能通常用以下几个指标来综合表述。

（1）用户程序存储容量。

用户程序存储器用于存储通过编程输入的用户程序，存储器的容量大就可以存储复杂的程序。中小型 PLC 的存储容量一般在 8KB 以下，大型 PLC 的存储容量可达 256KB 甚至 2MB。在 PLC 中，存储容量一般用"步"作为单位，程序指令是按"步"存放的，每"步"占用一个地址单元。

（2）I/O 点数。

PLC 的输入/输出点数是 PLC 可以接收的输入信号和输出信号的总和。I/O 点数越多，外部可接的输入设备和输出设备就越多，控制规模就越大。

（3）扫描速度。

扫描速度是指 PLC 执行用户程序的速度，单位为 ms/K 字表示。

（4）指令的功能与数量。

编程指令的功能越强、数量越多，PLC 的处理能力和控制能力就越强，用户编程也就越简单和方便，越容易完成复杂的控制任务。

（5）内部元件的种类与数量。

内部元件包括辅助继电器、计时器、计数器、移位寄存器、特殊继电器等，这些元件的种类与数量越多，表示 PLC 存储和处理各种信息的能力越强。

除了以上性能指标，对于不同的 PLC，还可以列出一些其他指标，如输入/输出方式、特殊功能模块、自诊断功能、通信联网功能、监控功能等。

10. PLC 的分类

PLC 可按结构形式、I/O 点数及功能进行分类。

（1）按结构形式不同，PLC 可分为整体式和模块式两类。

整体式 PLC 通常将电源、CPU、I/O 部件都集中装在一个机体内，其结构紧凑、体积小、价格低，一般小型 PLC 都采用这种结构。

模块式 PLC 通常将 PLC 拆分成若干个单独的模块，如 CPU 模块、I/O 模块、电源模块和各种功能模块等，再将模块插在框架的插座上。模块式 PLC 配置灵活，装配方便，便于扩展和维修，一般大中型 PLC 都采用模块式结构。

（2）按 I/O 点数和存储容量不同，PLC 可分为超小型机、小型机、中型机、大型机 4 类，如表 1-2 所示。

表 1-2　按 I/O 点数和存储容量分类

分　类	I/O 点数	存 储 容 量	机　　型
超小型机	64 点以内	256～1000B	三菱公司的 FX_{1S} 系列 PLC
小型机	64～256 点	1～3.6KB	三菱公司的 FX_{1N}、FX_{2N} 系列 PLC
中型机	256～2048 点	3.6～13KB	三菱公司的 A_{1S} 系列 PLC
大型机	2048 点以上	13KB	三菱公司的 A_{1N}、Q06H 及以上系列 PLC

（3）按功能不同，PLC 可分为低档机、中档机、高档机 3 类，如表 1-3 所示。

表1-3 按功能分类

分 类	主 要 功 能	应 用 场 合
低档机	具有逻辑运算、定时、计数、移位及自诊断、监控等基本功能，还有少量模拟量输入/输出、算术运算、数据传送和比较、通信等功能	主要适用于开关量控制、逻辑控制、顺序控制、定时/计数控制及少量模拟量控制的场合
中档机	除了具有低档机的功能，还具有较强的模拟量输入/输出、算术运算、数据传送和比较、数制转换、远程I/O、子程序调用、通信联网等功能。有些还具有中断控制、PID控制等功能	适用于既有开关量又有模拟量的较为复杂的控制系统，如过程控制系统、位置控制系统等
高档机	除了具有中档机的功能，还具有较强的数据处理功能（如符号算术运算、矩阵运算、位逻辑运算、平方根运算）、模拟量调节、特殊功能函数运算、制表及表格传送、监控、智能控制及更强的通信联网功能等	可用于大规模过程控制或构成分布式网络控制系统，实现整个工厂自动化

1.2 三菱 GX Works2 编程软件的使用

1. 三菱 GX Works2 编程软件简介

GX Works2 是三菱公司专为 PLC 编程而开发的一种软件，它可以对三菱公司的 FX 系列、A 系列和 Q 系列的 PLC 进行编程。

（1）安装步骤。

① 开启计算机或将正在运行的应用程序关闭。

② 插入 GX Works2 编程软件的安装盘或从网上下载安装包。

③ 查找安装文件→双击安装文件→按照软件提示进行操作即可。

④ 生成软件运行快捷方式，如图1-11所示。

（2）基本功能。

图1-11 软件运行快捷方式

GX Works2 编程软件支持各种系列三菱 PLC 在各种模式下编程，其基本功能如下所述。

① GX Works2 编程软件支持 IL（指令表）、LD（梯形图）、SFC（顺序功能图）、FBD（功能块图）、ST（结构化文本）编程语言。

② 具有程序的创建、编辑、上传/下载、监视、诊断和调试等功能。

③ 支持在线和离线编程功能。

④ 可对以太网、MELSECNET（H）、CC-Link、调制解调器等多种网络进行参数设定。

2. 用户操作界面

GX Works2 编程软件的用户操作界面如图1-12所示。该操作界面由菜单栏、工具栏、状态栏、编程区和工程参数列表等部分组成。

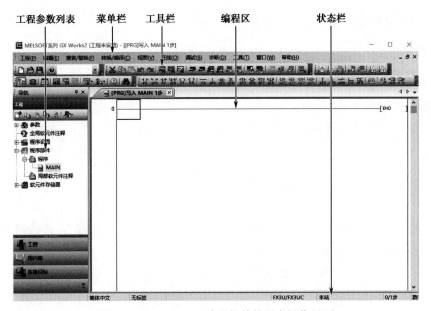

图 1-12 GX Works2 编程软件的用户操作界面

（1）菜单栏。

菜单栏包含"工程""编辑""搜索/替换""转换/编译""视图""在线""调试""诊断""工具""窗口""帮助"选项，用鼠标或快捷键执行操作。

（2）工具栏。

工具栏中有 9 种工具条，包括标准工具条、程序工具条、梯形图标记工具条、SFC 工具条、SFC 符号工具条、数据切换工具条、软元件内存工具条、注释工具条和 ST 工具条。

（3）编程区。

用来显示编程操作的工作对象，可以使用梯形图、指令表等方式进行程序的编辑、修改、监控等操作。在编程区，母线是自动生成的，它是程序编辑的起始线和终止线。

（4）工程参数列表。

用来显示程序、编辑元件注释或参数、编辑元件内存等内容，可以实现这些项目数据的设定。

（5）状态栏。

编程区下部是状态栏，用于显示 PLC 类型、软件的应用状态及所处的程序步数等。

3. 进入梯形图编辑界面的操作

用 GX Works2 软件进入梯形图编辑界面有两种方式，一种是创建新文件，另一种是打开已有文件。

（1）创建新文件。

创建流程：双击软件快捷方式图标→单击"工程"→单击"创建新工程"→选择"工程类型"→选择"PLC 系列"→选择"PLC 类型"→选择"程序语言"→单击"确定"按钮→进入梯形图编辑界面。

（2）打开已有文件。

创建流程：双击软件快捷方式图标→单击"工程"→单击"打开工程"→查找"文件"

→双击"文件"的图标→进入该文件名的梯形图编辑界面。

4. 编辑梯形图

这里以图 1-8 为例，介绍梯形图的编辑方法。

（1）录入梯形图。

① 将光标移至行首准备编辑梯形图，如图 1-13 所示。

图 1-13　准备编辑梯形图

② 先输入"LD　X0"，再按回车键；或单击 图标，先输入"X0"，再按回车键，即可完成 X0 常开触点的输入，如图 1-14 所示。

图 1-14　输入 X0 常开触点

③ 先输入"LDI　X1"，再按回车键；或单击 图标，先输入"X1"，再按回车键，即可完成 X1 常闭触点的输入，如图 1-15 所示。

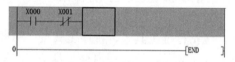

图 1-15　输入 X1 常闭触点

④ 先输入"OUT　Y0"，再按回车键；或单击 图标，先输入"Y0"，再按回车键，即可完成线圈 Y0 的输入，如图 1-16 所示。

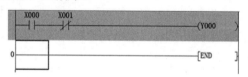

图 1-16　输入线圈 Y0

⑤ 单击 图标，先输入"Y0"，再按回车键，即可完成并联的 Y0 常开触点的输入，如图 1-17 所示。

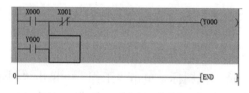

图 1-17　输入并联的 Y0 常开触点

（2）删除程序。

将光标移至要删除指令的后面，按【Delete】键，删除"X1"，操作过程如图 1-18 所示。

图 1-18 程序的删除操作

（3）追加指令。

当需要追加触点时，可直接在横线上输入常闭触点，操作过程如图 1-19 所示。

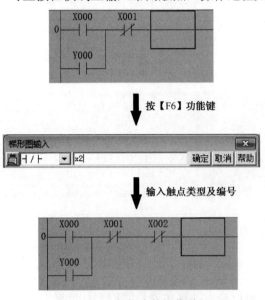

图 1-19 追加指令的操作过程

（4）修改触点编号。

修改触点编号的操作过程如图 1-20 所示。

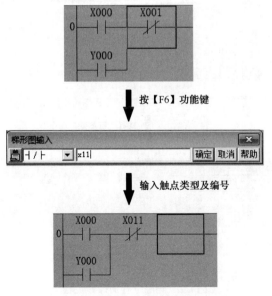

图 1-20 修改触点编号的操作过程

（5）插入空行。

当需要在程序中间插入空行时，可以将光标移至要插入空行的位置上，右击，出现一个下拉菜单，在"编辑"选项中选择"行插入"命令，操作过程如图 1-21 所示。

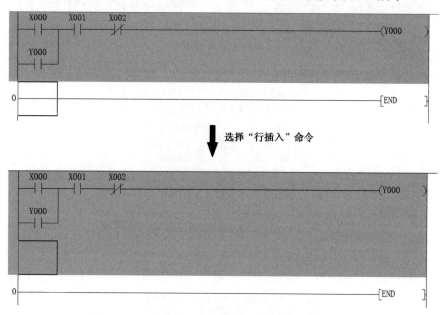

图 1-21　插入空行的操作过程

（6）删除空行。

当需要删除空行时，可以将光标移至要删除的空行位置上，右击，出现一个下拉菜单，在"编辑"选项中选择"行删除"命令，操作过程如图 1-22 所示。

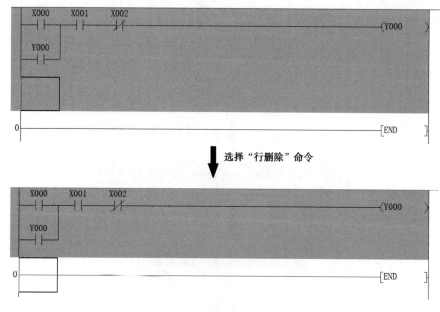

图 1-22　删除空行的操作过程

（7）添加注释。

以添加 X000 继电器的注释为例，其操作过程如图 1-23 所示。

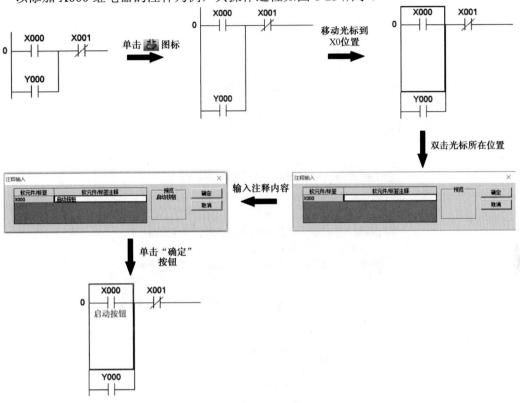

图 1-23　添加注释的操作过程

（8）程序转换。

程序转换操作过程如图 1-24 所示，转换前程序显示区为灰色，转换后程序显示区为白色。

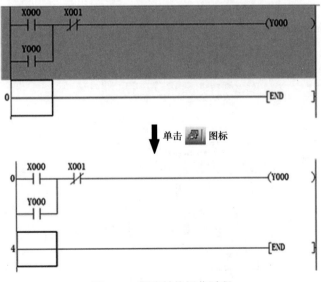

图 1-24　程序转换操作过程

（9）向 PLC 写入程序。

由上位机向 PLC 写入程序的操作过程如图 1-25 所示。

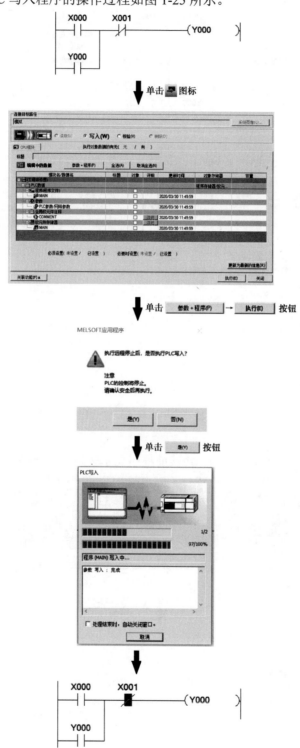

图 1-25　向 PLC 写入程序的操作过程

1.3　项目实训

实例 1　认识 PLC

任务描述: 识读 PLC 的铭牌; 观察 PLC 外部结构特征; 识别 PLC 外部端子; 观察 PLC 的面板。

相关要求:

（1）如图 1-1 所示，识读 PLC 的铭牌信息，包括品牌、系列、型号、出厂编号、工作电压、输入/输出点数、触点容量、触点类型等，填写表 1-4。

（2）如图 1-26 所示为实训用 PLC 的外形，观察 PLC 外部结构特征，画出 PLC 外形结构图，并用文字标注重点部位的名称。

（3）识别 PLC 外部端子，根据外部端子特征及分布，分别画出输入、输出端子排列图，标注输出端子分组情况。

（4）观察 PLC 的面板，画出 PLC 面板的平面图，并用文字进行功能标注。

表 1-4　PLC 铭牌记录表

品牌	系列	型号	出厂编号	工作电压	I/O 点数	触点容量	触点类型

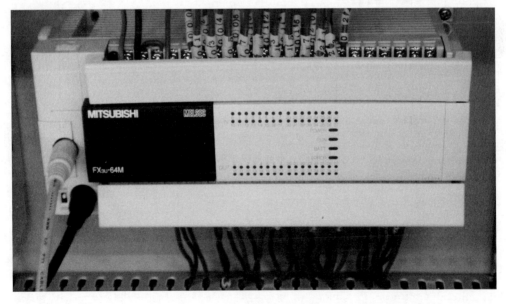

图 1-26　实训用 PLC 的外形

实例 2 编程软件基础操作训练

> 任务描述：根据要求，完成编程软件基础操作训练。

相关要求：

（1）完成如图 1-27 所示程序的录入操作；完成程序注释、程序转换及程序下载操作；以"启保停控制"为文件名保存该程序。

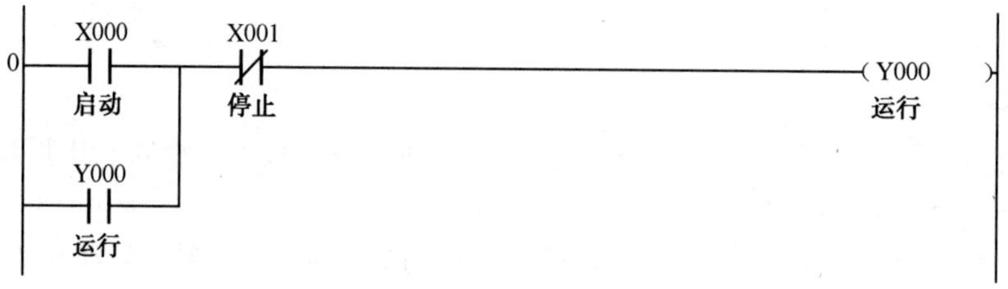

图 1-27 启保停控制梯形图

（2）调取文件名为"启保停控制"的程序；通过插入空行、修改程序、删除程序等操作，完成如图 1-28 所示程序的录入操作；完成程序注释、程序转换及程序下载操作；以"顺序启停控制"为文件名保存该程序。

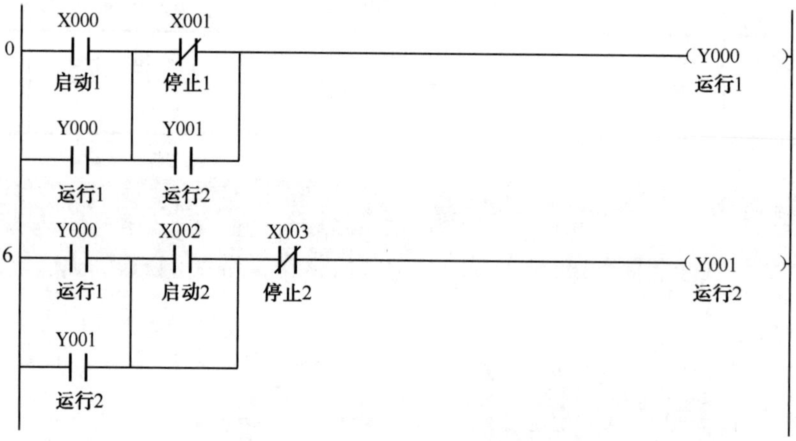

图 1-28 顺序启停控制梯形图

项目 2　PLC 程序设计

 知识要求

（1）熟悉 PLC 的内部资源，包括输入继电器、输出继电器、辅助继电器、定时器、计数器、数据寄存器和常数等。

（2）掌握三菱 FX 系列 PLC 主要编程器件的功能和使用注意事项。

（3）了解三菱 FX 系列 PLC 的指令系统，掌握主要指令的使用方法。

（4）掌握梯形图的编程规则、编程技巧和编程方法。

 技能要求

（1）根据控制要求，能对 PLC 的 I/O 地址进行分配。

（2）根据 I/O 地址，能对 PLC 的外部端子进行接线操作。

（3）熟练使用三菱 GX Works2 编程软件，能对 PLC 进行编程操作。

（4）熟练使用三菱 FX 系列 PLC 指令，能对 PLC 程序进行调试操作。

 项目分析

在工业控制技术飞速发展的今天，PLC 程序设计不仅是工控技术人员必须掌握的一门专业技术，也是高职自动化类专业学生所必备的最基本的职业技能之一。不少学生在学完 PLC 课程以后，在步入工作岗位真正进行 PLC 编程时往往束手无策，究其原因是缺少一定数量的练习。如果只靠自己冥思苦想，则结果往往收效甚微，而学习和借鉴别人的编程方法不失为一条学习的捷径。因此，本项目精选了多种程序设计范例，为读者们提供一条快速、有效的学习路径。

2.1 PLC 的内部资源

为了使工程技术人员和现场电气维护人员在学习和使用 PLC 时更加方便，PLC 在工作原理和使用方法等方面沿用了类似继电器控制的概念，但 PLC 中的继电器只是概念上的，并非物理实体，故被称为"软继电器"或"软元件"，与存储器的位相对应，它既代表线圈，又代表触点。例如，当某存储位为"1"时，相当于该继电器线圈得电接通，其"触点"动作。由于"软继电器"实质上为存储单元，取用它们的常开触点及常闭触点实质上为读取存储单元的状态，因而认为一个继电器带有无数个常开、常闭触点。

PLC 内部设有大量的"软继电器"，依照编程功能，可将它们分为输入继电器（X）、输出继电器（Y）、辅助继电器（M）、定时器（T）、计数器（C）、状态继电器（S）、特殊数据寄存器（D）、常数（K/H）等。

由于生产厂商和产品系列的不同，"软继电器"的功能和编号也不相同，用户在编写程序时，必须熟悉所使用的 PLC "软继电器"的功能和编号。

1. 输入继电器 X

输入继电器是 PLC 与外部用户输出设备连接的接口单元，用于接收用户输出设备发来的指令信号，三菱 PLC 中输入继电器与输出继电器的信号传递过程如图 2-1 所示。

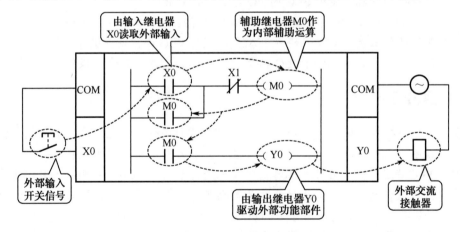

图 2-1 三菱 PLC 中输入继电器与输出继电器的信号传递过程

FX 系列 PLC 的输入继电器编号以"X"开头，采用八进制数字进行地址编号。以 FX$_{3U}$-64MR 机型为例，它的输入继电器数量是 32 个，这 32 个输入继电器被均分为四组，第一组输入继电器的地址编号为 X000～X007；第二组输入继电器的地址编号为 X010～X017，第三组输入继电器的地址编号为 X020～X027；第四组输入继电器的地址编号为 X030～X037。

由图 2-2 可知，与输入继电器连接的硬件主要有各种开关、按钮及传感器等。

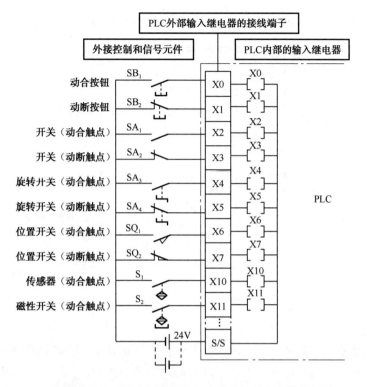

图 2-2 PLC 输入继电器与部分外接元件的连接图

【注意事项】

（1）输入继电器的触点只能用于内部编程，不能用于驱动外部负载。

（2）PLC 的程序不能改变外部输入继电器的状态。

（3）输入继电器在编程时使用的次数没有限制。

 工程实践

PLC 的输入端与外部电源的连接方法有两种：一种方法是"S/S"端口接外部直流电源的"+"极；另一种方法是"S/S"端口接外部直流电源的"－"极。这两种方法都可行，但一般都采用方法一，即图 2-2 中实线所表示的接法。

2. 输出继电器 Y

输出继电器是 PLC 与外部用户输入设备连接的接口单元，用以将输出信号传给负载，如图 2-1 所示。

FX 系列 PLC 的输出继电器编号以"Y"开头，也采用八进制数字进行地址编号。以 FX_{3U}-64MR 机型为例，它的输出继电器数量是 32 个，这 32 个输出继电器被均分为四组，第一组输出继电器的地址编号为 Y000～Y007；第二组输出继电器的地址编号为 Y010～Y017；第三组输出继电器的地址编号为 Y020～Y027；第四组输出继电器的地址编号为 Y030～Y037。

由图 2-3 可知，与输出继电器连接的硬件主要有指示灯、电磁阀线圈、接触器线圈等执行元件，以及变频器、步进电动机驱动器等专用设备控制器的控制端。

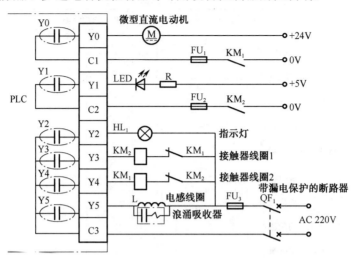

图 2-3　PLC 输出继电器与部分外接元件连接图

【注意事项】

（1）空余的输出继电器可按与内部继电器相同的方法使用，但不能将其确定为保持型。

（2）当作为触点使用时，输出继电器编程的次数不受限制。

（3）当输出继电器作为保持和输出指令的输出时，不允许重复使用同一继电器。

 工程实践

由于 PLC 属于具有半导体性质的控制器，所以它的输出带负载能力较差。以继电器输出型 PLC 为例，其每个输出端的驱动电流最大只有 2A，因此接在 PLC 输出端的执行元件工作电流一定要小于输出继电器所控制的硬件触点允许电流，建议在回路中串接熔断器进行短路保护。对于大负载情况，应通过中间转换环节间接驱动，防止输出继电器因直接驱动产生过流而被烧坏。

3. 辅助继电器 M

辅助继电器的作用相当于中间继电器，它仅用于 PLC 内部，不提供外部输出，其工作方式如图 2-4 所示。

FX 系列 PLC 的辅助继电器编号以"M"开头，采用十进制数字进行编号。辅助继电器分为通用型、断电保持型和特殊型 3 类。

1）通用型辅助继电器

通用型辅助继电器和输出继电器一样，当电源接通后，它处于 ON 状态；一旦掉电后再次上电，除非因程序使其变为 ON 状态，否则该继电器仍继续处于 OFF 状态。因此，通用型辅助继电器没有断电保持功能。

三菱 FX_{3U} 机型 PLC 通用型辅助继电器的地址范围为 M0～M499。

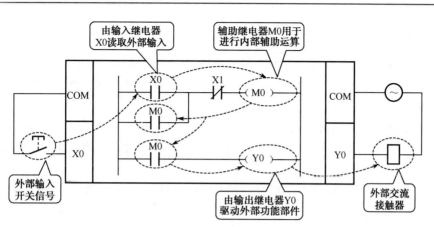

图 2-4　辅助继电器的工作方式

2）断电保持型辅助继电器

当 PLC 再次上电后，断电保持型辅助继电器能保持断电前的状态，其他特性与通用型辅助继电器完全一样。

三菱 FX$_{3U}$ 机型 PLC 断电保持型辅助继电器的地址范围为 M500～M3071。

3）特殊型辅助继电器

特殊型辅助继电器是具有某项特定功能的辅助继电器，它分为触点型和线圈型两类。触点型特殊辅助继电器是反映 PLC 的工作状态或为用户提供特殊功能的器件，用户只能利用这些器件的触点，线圈由 PLC 自动驱动。线圈型特殊辅助继电器是可控制的特殊辅助继电器，当线圈得电后，驱动这些继电器，PLC 可做出一些特定的动作。

三菱 FX$_{3U}$ 机型 PLC 特殊型辅助继电器的地址范围为 M8000～M8255。常用的特殊型辅助继电器的功能如表 2-1 所示。

表 2-1　常用的特殊型辅助继电器的功能

编　号	名　称	备　注
M8000	RUN 监控 a 接点	RUN 时为 ON
M8001	RUN 监控 b 接点	RUN 时为 OFF
M8002	初始脉冲 a 接点	RUN 后一个扫描周期为 ON
M8003	初始脉冲 b 接点	RUN 后一个扫描周期为 OFF
M8004	出错	M8060～M8067 任一 ON 时接通
M8005	电池电压降低	锂电池电压下降
M8006	电池电压降低锁存	保持降低信号
M8007	瞬停检测	
M8008	停电检测	
M8009	DC24V 电压降低	检测 DC24V 电源异常
M8011	10ms 时钟	10ms 周期振荡
M8012	100ms 时钟	100ms 周期振荡
M8013	1s 时钟	1s 周期振荡
M8014	1min 时钟	1min 周期振荡

4. 定时器 T

定时器的作用相当于通电延时型时间继电器。它根据时钟脉冲累积计数来达到定时目的，定时器所使用的时钟脉冲通常有 1ms、10ms、100ms 三种。当计数达到规定值时，定时器的触点动作。

三菱 FX 系列 PLC 定时器的定时时间 T=时钟脉冲（ms）×计数常数（K 或 H）。计数常数用于设定定时器的计时时间，常使用字母 K 或 H 标识。其中，K 表示十进制常数，H 表示十六进制常数。

三菱 FX_{3U} 机型 PLC 的定时器分为通用型定时器和积算型定时器两类。

1）通用型定时器

通用型定时器的特点是不具备断电保持功能，即当输入电路断开或停电时定时器复位。通用型定时器有时钟脉冲 10ms 和 100ms 两种定时器。

（1）100ms 通用型定时器的地址范围为 T0～T199，共 200 个。这类定时器对 100ms 时钟脉冲累积计数，设定值为 1～32767，所以其定时范围为 0.1～3276.7s。

（2）10ms 通用型定时器的地址范围为 T200～T245，共 46 个。这类定时器对 10ms 时钟脉冲累积计数，设定值为 1～32767，所以其定时范围为 0.01～327.67s。

2）积算型定时器

积算型定时器具有累积计数的功能。在定时过程中如果断电或定时器线圈处于 OFF 状态，积算型定时器将保持当前的计数值（当前值），当再次通电或定时器线圈变为 ON 状态时，积算型定时器继续累积计数，即其当前值具有保持功能。只有将积算型定时器复位，其当前值才为 0。积算型定时器有时钟脉冲 1ms 和 100ms 两种定时器。

（1）1ms 积算型定时器的地址范围为 T246～T249，共 4 个。这类定时器对 1ms 时钟脉冲累积计数，设定值为 1～32767，所以其定时范围为 0.001～32.767s。

（2）100ms 积算型定时器的地址范围为 T250～T255，共 6 个。这类定时器对 100ms 时钟脉冲累积计数，设定值为 1～32767，所以其定时范围为 0.1～3276.7s。

5. 计数器 C

计数器在 PLC 程序中用作计数控制。计数器与定时器的工作原理相同，可以根据设定的计数值与当前的计数值的比较结果输出触点信号。

三菱 FX_{3U} 机型 PLC 的计数器分为内部计数器和高速计数器两类。

1）内部计数器

内部计数器在使用前，应先对其进行计数值设定，当输入信号上升沿个数累加达到设定值时，计数器动作，其常开触点闭合、常闭触点断开。内部计数器在执行扫描操作时对内部信号（如 X、Y、M、S、T 等）进行计数。内部输入信号的接通和断开时间应比 PLC 的扫描周期稍长。

（1）16 位加计数器。16 位加计数器是递加计数器，其地址范围为 C0～C199，共 200 个，其中 C0～C99 为通用型，C100～C199 为断电保持型。设定值范围为 1～32767，可以用常数

K 作为设定值，也可以用数据寄存器 D 中的内容作为设定值。

（2）32 位加/减计数器。32 位加/减计数器是双向计数器，其地址范围为 C200～C234，共 35 个，其中 C200～C219 为通用型，C220～C234 为断电保持型。设定值范围为 -2147483648～+2147483647，可以用常数 K 作为设定值，也可以用数据寄存器 D 中的内容作为设定值。

C200～C234 是加计数还是减计数，由特殊辅助继电器 M8200～M8234 设定。当对应的特殊辅助继电器被置为 ON 时为减计数，置为 OFF 时为加计数。

2）高速计数器

高速计数器与内部计数器相比，允许的输入频率更高，应用也更为灵活。高速计数器是 32 位加/减计数器，具有断电保持功能，适合作为高速计数器输入的 PLC 输入端口为 X000～X007。其中，单相单计数输入高速计数器地址范围为 C235～C245，单相双计数输入高速计数器地址范围为 C246～C250，双相双计数输入高速计数器地址范围为 C251～C255。

6. 数据寄存器 D

PLC 在进行 I/O 处理、模拟量控制、位置控制时，需要许多数据寄存器存储数据和参数。数据寄存器可存储 16 位二进制数（一个字），最高位为符号位，当该位为 0 时数据为正，当该位为 1 时数据为负。可将两个数据寄存器合并起来用于存储 32 位数据（两个字），最高位仍为符号位。

1）通用数据寄存器

通用数据寄存器的地址范围为 D0～D199，共 200 个。将数据写入通用寄存器后，其值将保持不变，直到下一次被改写。当 M8033 为 ON 时，D0～D199 有断电保持功能；当 M8033 为 OFF 时，D0～D199 无断电保持功能，即当 PLC 的状态由 RUN 变为 STOP 或停电时，数据将全部清零。

2）断电保持数据寄存器

断电保持数据寄存器的地址范围为 D200～D7999，共 7800 个，其中 D200～D511 有断电保持功能，可以利用外部设备的参数设定改变通用数据寄存器与有断电保持功能数据寄存器的分配；D490～D509 供通信用；D512～D7999 的断电保持功能不能用软件改变，但可用指令清除其内容。

3）特殊数据寄存器

特殊数据寄存器的地址范围为 D8000～D8255，共 256 个。特殊数据寄存器用于监控 PLC 的运行状态，如扫描时间、电池电压等。当 PLC 上电时，这些数据寄存器被写入默认的值。

7. 常数 K/H

常数也可作为元件处理，它在存储器中占有一定的空间，主要用于向 PLC 中输入数据。PLC 最常用的常数有两种：一种是用 K 表示的十进制数，另一种是用 H 表示的十六进制数。

2.2 梯形图的结构规则

1. 梯形图的特点

PLC 的梯形图如图 2-5 所示。在使用梯形图语言编程时，应注意梯形图的以下几个特点。

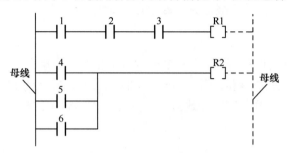

图 2-5 PLC 的梯形图

（1）每个梯形图由多个梯级组成，每个梯级可由多条支路构成，每个梯级由一个输出线圈结束，可代表一个逻辑方程，也称一个逻辑行。

（2）在梯形图每个梯级中流过的不是物理电流，而是"概念电流"，是用户程序解算中满足该梯级输出执行条件的形象表达方式。"概念电流"只能从左向右流动。

（3）在梯形图中，每个梯级的用户程序解算结果可以立即被后面的梯级引用。

（4）PLC 的内部继电器线圈不能用作输出控制，它们只是一些用于存储逻辑控制中间运算结果的存储位。要实现对输出的控制，必须通过输出继电器来实现。

（5）梯形图中的触点类型只有常开和常闭两种，用于表示 PLC 内部继电器触点或内部寄存器、定时器、计数器等的状态。

（6）输入继电器只能接收外部的输入信号，不能由 PLC 内部其他继电器的触点来驱动，故梯形图中只能出现输入继电器的触点，而不能出现其线圈。输出继电器用于输出程序执行结果给外部输出设备。

（7）梯形图中的触点可以任意串联或并联，但继电器线圈只允许并联而不能串联。

（8）梯形图中的继电器线圈（如输出继电器、辅助继电器线圈等）只在接通电源以后才能使对应的常开或常闭触点动作。

（9）程序结束时，一般要有结束标志 END。

2. 梯形图的结构规则

梯形图作为一种编程语言，绘制时要严格遵守绘制规则。

规则 1：如图 2-6 所示，梯形图中的每一行都从左侧母线开始，线圈接在右侧母线上（右侧母线可省略）。每一行的前部是由触点群组成的"工作条件"，最右侧是由线圈表达的"工作结果"。一行绘完，依次自上而下再绘下一行。

图 2-6　梯形图规则 1

规则 2：如图 2-7 所示，线圈不能直接与左侧母线相连。如果需要与左侧母线相连，则可以通过一个没有使用的辅助继电器的常闭触点或者特殊辅助继电器的常开触点来连接。

图 2-7　梯形图规则 2

规则 3：同一编号的线圈在一个程序中使用两次称为双线圈输出。有些品牌的 PLC 将双线圈输出视为语法错误，三菱 FX 系列 PLC 则将前面的输出视为无效，视最后一次输出为有效。

规则 4：触点应画在水平线上，不能画在垂直分支线上。在图 2-8（a）中，触点 3 被画在垂直线上，导致很难正确识别它与其他触点的关系，因此，应根据从左到右、自上而下的原则绘制，将其改为如图 2-8（b）所示的形式。

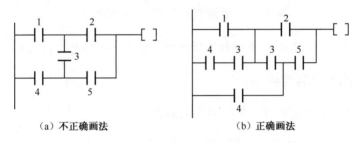

图 2-8　梯形图规则 4

规则 5：不包含触点的分支应放在垂直方向上，不可放在水平方向上，以便于识别触点的组合和对输出线圈的控制路径，如图 2-9 所示。

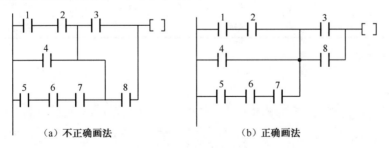

图 2-9　梯形图规则 5

规则 6：当有几个串联回路并联时，应将触点最多的那个串联回路放在梯形图的最上面。当有几个并联回路相串联时，应将触点最多的那个并联回路放在梯形图的最左边。这样才能使编制的程序简洁明了，执行速度快，如图 2-10 所示。

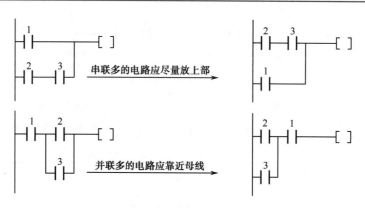

图 2-10　梯形图规则 6

2.3　项目实训

2.3.1　电动机控制程序设计

实例 1　双按钮长动控制程序设计

> **任务描述：** 按下启动按钮，电动机连续运行；按下停止按钮，电动机停止运行。

1. 输入/输出元件及其控制功能

本实例用到的输入/输出元件及其控制功能如表 2-2 所示。

双按钮长动控制程序运行过程演示

表 2-2　实例 1 输入/输出元件及其控制功能

说　明	PLC 软元件	元件文字符号	元件名称	控制功能
输入	X0	SB$_1$	按　钮	启动控制
	X1	SB$_2$	按　钮	停止控制
输出	Y0	KM$_1$	接触器	接通或分断主电路

2. 控制程序设计

【思路点拨】

凡是具有保持功能的指令或逻辑电路都可以用来编写启-保-停控制程序，编写的方法多种多样，既可以是逻辑电路，也可以是位操作。常用的指令有"与""或""非"指令和 SET/RST 指令。

（1）用逻辑电路设计。

使用具有保持功能的逻辑电路实现双按钮控制电动机启停，程序如图 2-11 所示。

程序说明：按下启动按钮 SB$_1$，X0 常开触点闭合，Y0 线圈得电；由于 Y0 的常开触点闭合，所以 X0 的常开触点被短接。松开启动按钮 SB$_1$，Y0 线圈可以通过自锁回路保持得电状态。按下停止按钮 SB₂，Y0 线圈失电，自锁状态解除。

图 2-11　用逻辑电路设计的梯形图 1

实践问题

　　就触点特性而言，常闭触点的动作响应比常开触点快，而且动作的可靠性也更高，若发生触点熔焊，常闭触点可以直接用人为作用力断开。如果控制电路采用常开触点，一旦发生人们不易察觉的故障（如触点变形、严重氧化或导线虚接等），常开触点就可能闭合不上，机器设备就不能及时停止，进而造成设备损坏或危及人身安全。因此，从安全的角度出发，停止按钮应使用常闭按钮。这样，在强制停止时，控制电路就能可靠、迅速地断电。必须明确，为了保证安全，对限位及过载等各种保护急停按钮，都应该使用常闭形式的触点。

　　为了便于读者理解，本书实例中做停止用的触点均使用常开触点。在使用停止按钮时，如果外电路停止按钮选用的是常开触点，则梯形图中对应的触点一定使用常闭触点，如图 2-11所示；如果外电路停止按钮选用的是常闭触点，则梯形图中对应的触点一定使用常开触点，如图 2-12 所示。

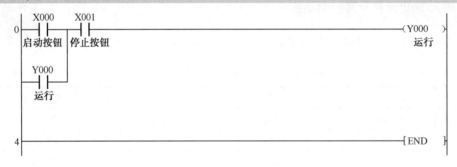

图 2-12　用逻辑电路设计的梯形图 2

（2）用位操作方式设计。

通过位操作方式可以直接改变存储器位的逻辑状态，实现双按钮控制电动机启停。

用 SET/RST 指令编写的启-保-停控制程序如图 2-13 所示。

程序说明：按下启动按钮 SB₁，PLC 执行[SET　Y0]指令，Y0 位为 ON 状态，Y0 线圈得电。松开启动按钮 SB₁，Y0 位保持 ON 状态，Y0 线圈继续得电。按下停止按钮 SB₂，PLC执行[RST　Y0]指令，Y0 位为 OFF 状态，Y0 线圈失电。

用 SET 和 RST
指令设计

图 2-13 用 SET/RST 指令设计的梯形图

 实践问题

在图 2-13 所示程序中，如果采用普通的常开触点驱动 SET 指令，那么当启动按钮发生卡死机械故障而无法回弹时，Y0 线圈就会一直得电，即使按下停止按钮，也只能控制 Y0 线圈短暂地失电，一旦松开停止按钮，Y0 线圈还会再次得电。如何避免上述问题发生呢？解决的办法就是按钮的常开触点采用边沿脉冲触发形式。以启动按钮为例，该按钮的控制作用只在刚被按下的那一瞬时有效，在以后的时间里即使始终按压启动按钮，该按钮也不再具有启动控制作用。

实例 2　电动机"正-停-反"运行控制程序设计

> 任务描述：用 3 个按钮控制 1 台三相异步电动机正/反转运行，且正/反转运行状态的切换不可以通过启动按钮直接进行，中间需要有停止操作过程，即"正-停-反"控制。

1. 输入/输出元件及其控制功能

本实例用到的输入/输出元件及其控制功能如表 2-3 所示。

电动机"正-停-反"
运行控制过程演示

表 2-3　实例 2 输入/输出元件及其控制功能

说　明	PLC 软元件	元件文字符号	元件名称	控制功能
输入	X0	SB$_1$	按钮	正转启动控制
	X1	SB$_2$	按钮	反转启动控制
	X2	SB$_3$	按钮	停止控制
输出	Y0	KM$_1$	接触器	正转接通或分断电源
	Y1	KM$_2$	接触器	反转接通或分断电源

2. 控制程序设计

【思路点拨】

既然使用一个"启-保-停"电路能够控制三相异步电动机的单向连续运行，那么使用两个"启-保-停"电路就能够控制三相异步电动机的双向连续运行。因此，只要将两个"启-保-停"电路适当地"组合"在一起，就可以实现电动机正/反转控制。

（1）用"与或非"指令设计。

用"与或非"指令编写的三相异步电动机"正-停-反"控制程序如图 2-14 所示。

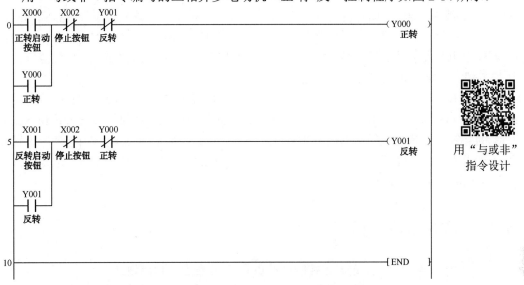

图 2-14 用"与或非"指令设计的梯形图

程序说明：

按下正转按钮 SB₁，X0 常开触点瞬时闭合，Y0 线圈得电，电动机正转运行。在 Y0 线圈得电期间，如果按下反转按钮 SB₂，由于 Y0 的互锁触点状态已经由常闭变为常开，所以反转线圈 Y1 不能得电。按下停止按钮 SB₃，X2 常闭触点瞬时断开，Y0 线圈失电，电动机停止正转运行。

按下反转按钮 SB₂，X1 常开触点瞬时闭合，Y1 线圈得电，电动机反转运行。在 Y1 线圈得电期间，如果按下正转按钮 SB₁，由于 Y1 的互锁触点状态已经由常闭变为常开，所以反转线圈 Y0 不能得电。按下停止按钮 SB₃，X2 常闭触点瞬时断开，Y1 线圈失电，电动机停止反转运行。

（2）用 SET/RST 指令设计。

用 SET/RST 指令编写的三相异步电动机"正-停-反"控制程序如图 2-15 所示。

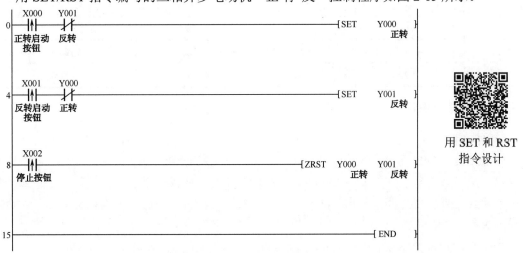

图 2-15 用 SET/RST 指令设计的梯形图

程序说明：

按下正转按钮 SB₁，X0 常开触点瞬时闭合，PLC 执行[SET　Y0]指令，Y0 位被置位，使 Y0=1，Y0 线圈得电，电动机正转运行。在 Y0 线圈得电期间，如果按下反转按钮 SB₂，由于 Y0 的互锁触点状态已经由常闭变为常开，所以 PLC 不能执行[SET　Y1]指令，反转线圈 Y1 不能得电。点动按下停止按钮 SB₃，PLC 执行[ZRST　Y0　Y1]指令，Y0 位复位，使 Y0=0，Y0 线圈失电，电动机停止正转运行。

按下反转按钮 SB₂，X1 常开触点瞬时闭合，PLC 执行[SET　Y1]指令，Y1 位被置位，使 Y1=1，Y1 线圈得电，电动机反转运行。在 Y1 线圈得电期间，如果按下正转按钮 SB₁，由于 Y1 的互锁触点状态已经由常闭变为常开，所以 PLC 不能执行[SET　Y0]指令，正转线圈 Y0 不能得电。点动按下停止按钮 SB₃，PLC 执行[ZRST　Y0　Y1]指令，Y1 位复位，使 Y1=0，Y1 线圈失电，电动机停止反转运行。

2.3.2　定时器应用程序设计

实例3　用定时器控制电动机星/角减压启动程序设计

任务描述：当按下启动按钮时，电动机先以星形方式启动；启动延时 5s 后，电动机再以三角形方式运行。当按下停止按钮时，电动机停止运行。

1. 输入/输出元件及其控制功能

本实例用到的输入/输出元件及其控制功能如表 2-4 所示。

用定时器控制电动机星/角减压启动过程演示

表 2-4　实例3 输入/输出元件及其控制功能

说　明	PLC 软元件	元件文字符号	元件名称	控制功能
输入	X0	SB₁	启动按钮	启动控制
	X1	SB₂	停止按钮	停止控制
输出	Y0	KM₁	主接触器	接通或分断电源
	Y1	KM₂	星形启动接触器	星形启动
	Y2	KM₃	三角形运行接触器	三角形运行

2. 控制程序设计

【思路点拨】

该程序设计涉及 3 个"启-保-停"电路，第一个电路控制接通主电源，第二个电路控制电动机以星形方式启动，第三个电路控制电动机以三角形方式运行。由于星形启动和三角形运行之间有先后顺序要求，因此可以采用定时控制方式，将电动机的工作状态由星形启动转换成三角形运行。

用定时控制方式编写的电动机星/角减压启动程序如图 2-16 所示。

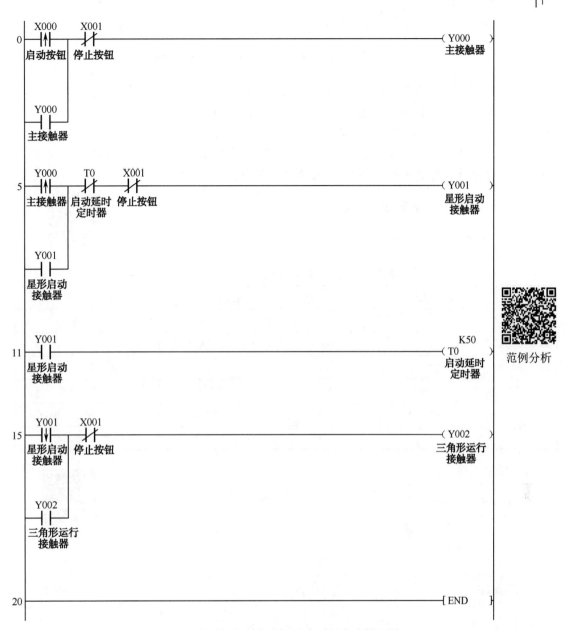

图 2-16　定时器控制电动机星/角减压启动梯形图

程序说明：

当按下启动按钮 SB₁ 时，主接触器 Y0 线圈得电并自锁保持。在 Y0 上升沿脉冲作用下，星形启动接触器 Y1 线圈得电并保持自锁状态。在 Y1 线圈得电期间，定时器 T0 对星形启动时间进行计时，电动机处于减压启动阶段。

当 T0 计时满 5s 时，T0 常闭触点动作，Y1 线圈失电，减压启动过程结束。在 Y1 下降沿脉冲作用下，三角形运行接触器 Y2 线圈得电并保持自锁状态，电动机处于正常运行阶段。

当按下停止按钮 SB_2 时，Y0、Y1 和 Y2 线圈同时失电，电动机停止运行。

实例4 用定时器控制小车定时往复运行程序设计

任务描述：使用两个常开控制按钮，控制一台小车在 A、B 两点之间往复运行。小车初始位置在 A 点，当按下启动按钮后，小车开始从 A 点向 B 点右行。当小车运行到 B 点时，小车停止运行，在 B 点卸货停留 5s。小车停留满 5s 后，小车开始从 B 点向 A 点左行。当小车运行到 A 点时，小车停止运行，在 A 点装货停留 5s。小车停留满 5s 后，开始进行下一个往复运行。当按下停止按钮时，小车停止运行。

1. 输入/输出元件及其控制功能

本实例用到的输入/输出元件及其控制功能如表 2-5 所示。

用定时器控制小车定时
往复运行过程演示

表 2-5 实例4 输入/输出元件及其控制功能

说　　明	PLC 软元件	元件文字符号	元 件 名 称	控 制 功 能
输入	X0	SB_1	启动按钮	启动控制
	X1	SB_2	停止按钮	停止控制
	X2	SQ_1	行程开关	A 点位置检测
	X3	SQ_2	行程开关	B 点位置检测
输出	Y0	KM_1	右行接触器	接通或分断电源
	Y1	KM_2	左行接触器	接通或分断电源

2. 控制程序设计

用定时控制方式编写的小车定时往复运行程序如图 2-17 所示。

范例分析

图 2-17 小车定时往复运行梯形图（续）

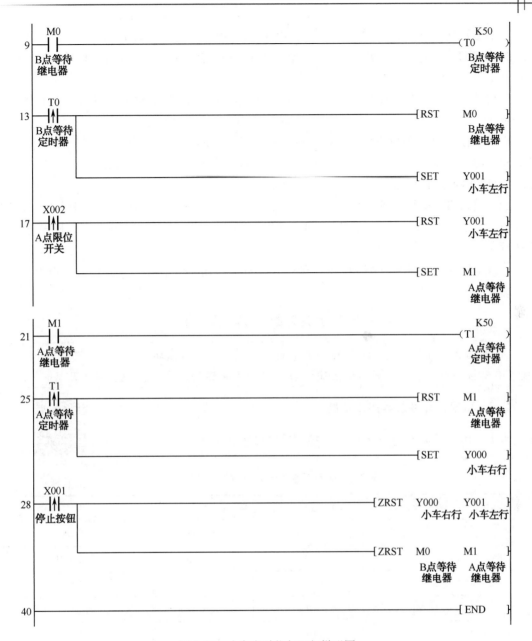

图 2-17　小车定时往复运行梯形图

【思路点拨】

　　电动机正反转控制程序的编写方法适用于本实例的程序设计，全过程可分为 4 个阶段，即右行、B 限位点等待、左行、A 限位点等待，每个阶段可以分别对应一个"启-保-停"电路。

程序说明：

　　当按下启动按钮 SB$_1$ 时，PLC 执行[SET　Y0]指令，使 Y0 线圈得电，小车开始向右行驶。

当小车行驶到 B 限位点时，PLC 执行[RST　Y0]指令，使 Y0 线圈失电，小车右行停止；PLC 执行[SET　M0]指令，使 M0 线圈得电。在 M0 线圈得电期间，定时器 T0 对小车停靠在 B 限位点的时间进行计时。

当定时器 T0 计时满 5s 时，T0 常开触点瞬时闭合，PLC 执行[SET　Y1]指令，使 Y1 线圈得电，小车开始向左行驶；PLC 执行[RST　M0]指令，使 M0 线圈失电。

当小车行驶到 A 限位点时，PLC 执行[RST　Y1]指令，使 Y1 线圈失电，小车左行停止；PLC 执行[SET　M1]指令，使 M1 线圈得电。在 M1 线圈得电期间，定时器 T1 对小车停靠在 A 限位点的时间进行计时。

当定时器 T1 计时满 5s 时，T1 常开触点瞬时闭合，PLC 执行[SET　Y0]指令，使 Y0 线圈得电，小车开始向右行驶；PLC 执行[RST　M1]指令，使 M1 线圈失电。程序进入循环执行状态。

当按下停止按钮 SB$_2$ 时，PLC 执行[ZRST　Y0　Y1]指令和[ZRST　M0　M1]指令，继电器全部复位，小车停止运行。

实例5　用定时器控制彩灯程序设计

> **任务描述**：用 2 个控制按钮控制 8 个彩灯实现单点左右循环点亮，时间间隔为 1s。当按下启动按钮时，彩灯开始循环点亮；当按下停止按钮时，彩灯立即全部熄灭。

1. 输入/输出元件及其控制功能

本实例用到的输入/输出元件及其控制功能如表 2-6 所示。

用定时器控制彩灯运行
过程演示

表2-6　实例5输入/输出元件及其控制功能

说　明	PLC 软元件	元件文字符号	元件名称	控制功能
输入	X0	SB$_1$	启动按钮	启动控制
	X1	SB$_2$	停止按钮	停止控制
输出	Y0	HL$_1$	彩灯 1	状态显示
	Y1	HL$_2$	彩灯 2	状态显示
	Y2	HL$_3$	彩灯 3	状态显示
	Y3	HL$_4$	彩灯 4	状态显示
	Y4	HL$_5$	彩灯 5	状态显示
	Y5	HL$_6$	彩灯 6	状态显示
	Y6	HL$_7$	彩灯 7	状态显示
	Y7	HL$_8$	彩灯 8	状态显示

2. 程序设计

（1）采用定时控制方式编写程序。

【思路点拨】

根据任务描述可知，8 个彩灯单点左右循环点亮全过程可分为 14 个工作状态：

Y0→Y1→Y2→Y3→Y4→Y5→Y6→Y7→Y6→Y5→Y4→Y3→Y2→Y1

在每个工作状态中，可使用一个定时器进行计时，当计时时间满 1s 时，利用定时器触点的动作自动切换到下一个工作状态。

采用定时控制方式编写的彩灯单点左右循环点亮程序如图 2-18 所示。

采用定时控制方式

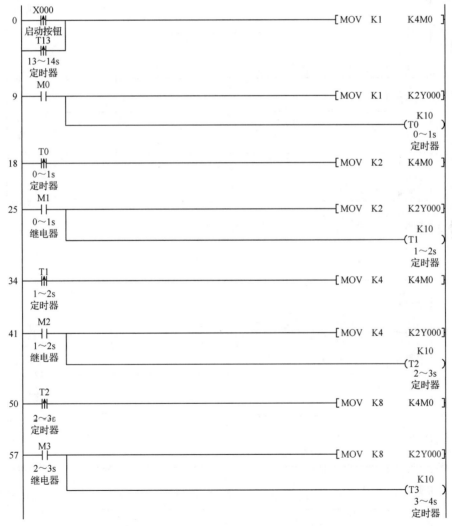

图 2-18　采用定时控制方式编写的程序

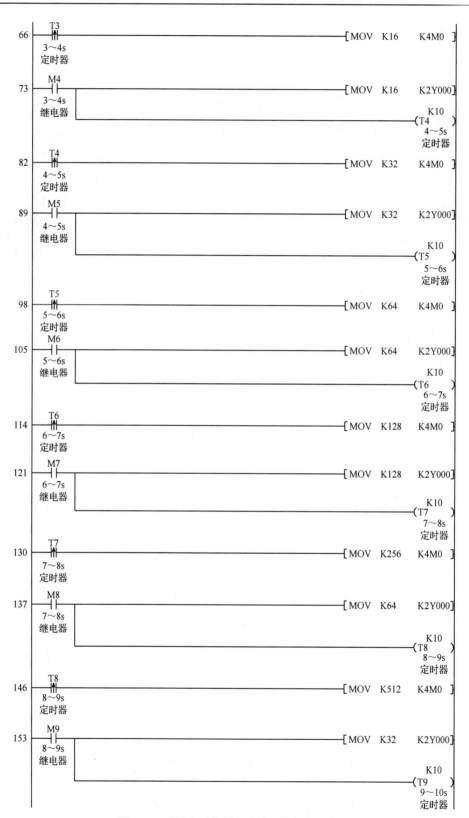

图 2-18　采用定时控制方式编写的程序（续）

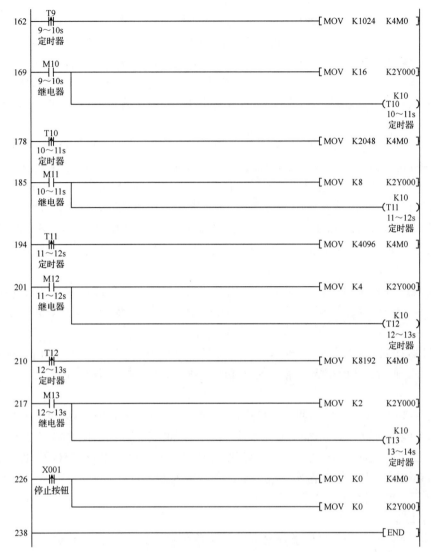

图 2-18 采用定时控制方式编写的程序（续）

程序说明：

当按下启动按钮 SB$_1$ 时，PLC 执行[MOV K1 K4M0]和[MOV K1 K2Y000]指令，使 Y0 线圈得电，第 1 盏彩灯被点亮。在 Y0 线圈得电期间，定时器 T0 开始定时。

当定时器 T0 定时 1s 时间到时，PLC 执行[MOV K2 K4M0]和[MOV K2 K2Y000]指令，使 Y1 线圈得电，第 2 盏彩灯被点亮。在 Y1 线圈得电期间，定时器 T1 开始定时。

当定时器 T1 定时 1s 时间到时，PLC 执行[MOV K4 K4M0]和[MOV K4 K2Y000]指令，使 Y2 线圈得电，第 3 盏彩灯被点亮。在 Y2 线圈得电期间，定时器 T2 开始定时。

当定时器 T2 定时 1s 时间到时，PLC 执行[MOV K8 K4M0]和[MOV K8 K2Y000]指令，使 Y3 线圈得电，第 4 盏彩灯被点亮。在 Y3 线圈得电期间，定时器 T3 开始定时。

当定时器 T3 定时 1s 时间到时，PLC 执行[MOV K16 K4M0]和[MOV K16 K2Y000]指令，使 Y4 线圈得电，第 5 盏彩灯被点亮。在 Y4 线圈得电期间，定时器 T4 开始定时。

当定时器 T4 定时 1s 时间到时，PLC 执行[MOV K32 K4M0]和[MOV K32 K2Y000]

指令，使Y5线圈得电，第6盏彩灯被点亮。在Y5线圈得电期间，定时器T5开始定时。

当定时器T5定时1s时间到时，PLC执行[MOV K64 K4M0]和[MOV K64 K2Y000]指令，使Y6线圈得电，第7盏彩灯被点亮。在Y6线圈得电期间，定时器T6开始定时。

当定时器 T6 定时 1s 时间到时，PLC 执行[MOV K128 K4M0]和[MOV K128 K2Y000]指令，使Y7线圈得电，第8盏彩灯被点亮。在Y7线圈得电期间，定时器T7开始定时。

当定时器T7定时1s时间到时，PLC执行[MOV K256 K4M0]和[MOV K64 K2Y000]指令，使Y6线圈得电，第7盏彩灯被点亮。在Y6线圈得电期间，定时器T8开始定时。

当定时器T8定时1s时间到时，PLC执行[MOV K512 K4M0]和[MOV K32 K2Y000]指令，使Y5线圈得电，第6盏彩灯被点亮。在Y5线圈得电期间，定时器T9开始定时。

当定时器 T9 定时 1s 时间到时，PLC 执行[MOV K1024 K4M0]和[MOV K16 K2Y000]指令，使Y4线圈得电，第5盏彩灯被点亮。在Y4线圈得电期间，定时器T10开始定时。

当定时器 T10 定时 1s 时间到时，PLC 执行[MOV K2048 K4M0]和[MOV K8 K2Y000]指令，使Y3线圈得电，第4盏彩灯被点亮。在Y3线圈得电期间，定时器T11开始定时。

当定时器 T11 定时 1s 时间到时，PLC 执行[MOV K4096 K4M0]和[MOV K4 K2Y000]指令，使Y2线圈得电，第3盏彩灯被点亮。在Y2线圈得电期间，定时器T12开始定时。

当定时器T12定时1s时间到时，PLC执行[MOV K8192 K4M0]和[MOV K2 K2Y000]指令，使Y1线圈得电，第2盏彩灯被点亮。在Y1线圈得电期间，定时器T13开始定时。

当定时器T13定时1s时间到时，PLC执行[MOV K1 K4M0]和[MOV K1 K2Y000]指令，使Y0线圈得电，第1盏彩灯被点亮。程序进入循环执行状态。

（2）采用当前值比较方式编写程序。

【思路点拨】

本实例也可以使用一个定时器进行计时，在每个循环周期内，定时器的当前值始终是不断变化的，结合触点比较指令，把定时器的当前值当作其中一个比较字元件，当时间到达对应的比较值时，用比较指令驱动相应时段的彩灯点亮。

采用当前值比较方式编写的彩灯单点左右循环点亮程序如图2-19所示。

图2-19 采用当前值比较方式编写的程序

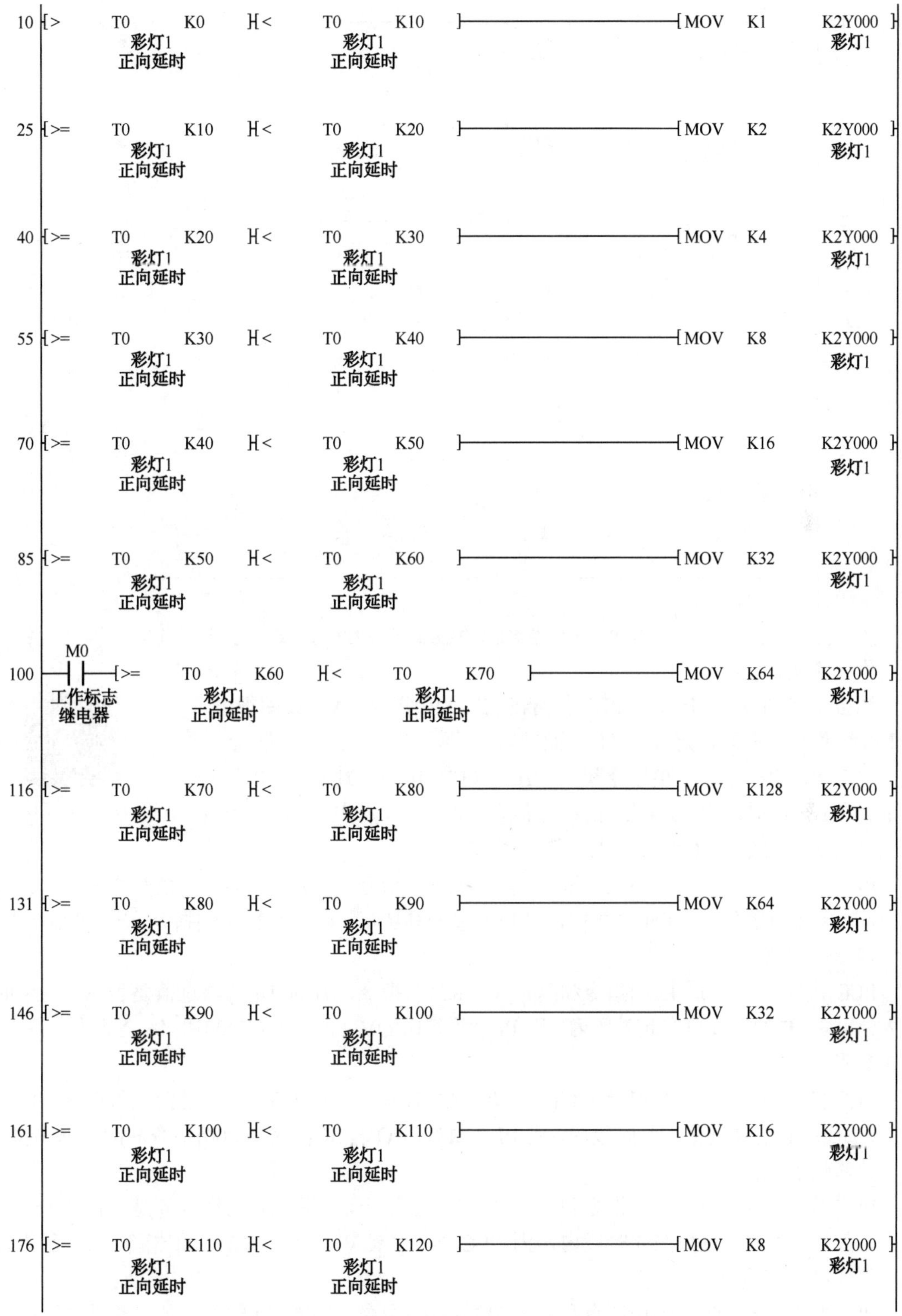

10　[> T0 K0]-[< T0 K10]————————————————[MOV K1 K2Y000]-
　　　　　彩灯1　　　　　　　彩灯1　　　　　　　　　　　　　　　　　　彩灯1
　　　　　正向延时　　　　　正向延时

25　[>= T0 K10]-[< T0 K20]————————————————[MOV K2 K2Y000]-
　　　　　彩灯1　　　　　　　彩灯1　　　　　　　　　　　　　　　　　　彩灯1
　　　　　正向延时　　　　　正向延时

40　[>= T0 K20]-[< T0 K30]————————————————[MOV K4 K2Y000]-
　　　　　彩灯1　　　　　　　彩灯1　　　　　　　　　　　　　　　　　　彩灯1
　　　　　正向延时　　　　　正向延时

55　[>= T0 K30]-[< T0 K40]————————————————[MOV K8 K2Y000]-
　　　　　彩灯1　　　　　　　彩灯1　　　　　　　　　　　　　　　　　　彩灯1
　　　　　正向延时　　　　　正向延时

70　[>= T0 K40]-[< T0 K50]————————————————[MOV K16 K2Y000]-
　　　　　彩灯1　　　　　　　彩灯1　　　　　　　　　　　　　　　　　　彩灯1
　　　　　正向延时　　　　　正向延时

85　[>= T0 K50]-[< T0 K60]————————————————[MOV K32 K2Y000]-
　　　　　彩灯1　　　　　　　彩灯1　　　　　　　　　　　　　　　　　　彩灯1
　　　　　正向延时　　　　　正向延时

　　　　M0
100　—| |—[>= T0 K60]-[< T0 K70]————————[MOV K64 K2Y000]-
　　工作标志　　彩灯1　　　　　　彩灯1　　　　　　　　　　　　　　　彩灯1
　　继电器　　　正向延时　　　　正向延时

116　[>= T0 K70]-[< T0 K80]————————————————[MOV K128 K2Y000]-
　　　　　彩灯1　　　　　　　彩灯1　　　　　　　　　　　　　　　　　　彩灯1
　　　　　正向延时　　　　　正向延时

131　[>= T0 K80]-[< T0 K90]————————————————[MOV K64 K2Y000]-
　　　　　彩灯1　　　　　　　彩灯1　　　　　　　　　　　　　　　　　　彩灯1
　　　　　正向延时　　　　　正向延时

146　[>= T0 K90]-[< T0 K100]————————————————[MOV K32 K2Y000]-
　　　　　彩灯1　　　　　　　彩灯1　　　　　　　　　　　　　　　　　　彩灯1
　　　　　正向延时　　　　　正向延时

161　[>= T0 K100]-[< T0 K110]————————————————[MOV K16 K2Y000]-
　　　　　彩灯1　　　　　　　彩灯1　　　　　　　　　　　　　　　　　　彩灯1
　　　　　正向延时　　　　　正向延时

176　[>= T0 K110]-[< T0 K120]————————————————[MOV K8 K2Y000]-
　　　　　彩灯1　　　　　　　彩灯1　　　　　　　　　　　　　　　　　　彩灯1
　　　　　正向延时　　　　　正向延时

图 2-19　采用当前值比较方式编写的程序（续）

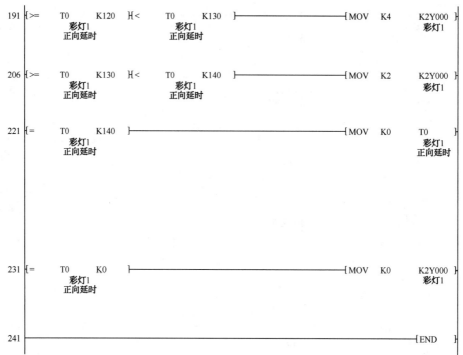

图 2-19　采用当前值比较方式编写的程序（续）

程序说明：

当按下启动按钮 SB₁ 时，PLC 执行[SET　M0]指令，M0 线圈得电。在 M0 线圈得电期间，定时器 T0 开始计时。

采用当前值比较方式

PLC 执行[>　T0　K0]指令和[<　T0　K10] 指令，判断 T0 的经过值是否在 0～1s 时段内，如果 T0 的经过值在此时段内，则 PLC 执行[MOV　K1　K2Y000]指令，Y0 线圈得电，第 1 盏彩灯点亮。

PLC 执行[>=　T0　K10]指令和[<　T0　K20] 指令，判断 T0 的经过值是否在 1～2s 时段内，如果 T0 的经过值在此时段内，则 PLC 执行[MOV　K2　K2Y000]指令，Y1 线圈得电，第 2 盏彩灯点亮。

PLC 执行[>=　T0　K20]指令和[<　T0　K30] 指令，判断 T0 的经过值是否在 2～3s 时段内，如果 T0 的经过值在此时段内，则 PLC 执行[MOV　K4　K2Y000]指令，Y2 线圈得电，第 3 盏彩灯点亮。

PLC 执行[>=　T0　K30]指令和[<　T0　K40] 指令，判断 T0 的经过值是否在 3～4s 时段内，如果 T0 的经过值在此时段内，则 PLC 执行[MOV　K8　K2Y000]指令，Y3 线圈得电，第 4 盏彩灯点亮。

PLC 执行[>=　T0　K40]指令和[<　T0　K50] 指令，判断 T0 的经过值是否在 4～5s 时段内，如果 T0 的经过值在此时段内，则 PLC 执行[MOV　K16　K2Y000]指令，Y4 线圈得电，第 5 盏彩灯点亮。

PLC 执行[>=　T0　K50]指令和[<　T0　K60] 指令，判断 T0 的经过值是否在 5～6s 时段内，如果 T0 的经过值在此时段内，则 PLC 执行[MOV　K32　K2Y000]指令，Y5 线圈得电，第 6 盏彩灯点亮。

PLC 执行[>= T0 K60]指令和[< T0 K70] 指令，判断 T0 的经过值是否在 6～7s 时段内，如果 T0 的经过值在此时段内，则 PLC 执行[MOV K64 K2Y000]指令，Y6 线圈得电，第 7 盏彩灯点亮。

PLC 执行[>= T0 K70]指令和[< T0 K80] 指令，判断 T0 的经过值是否在 7～8s 时段内，如果 T0 的经过值在此时段内，则 PLC 执行[MOV K128 K2Y000]指令，Y7 线圈得电，第 8 盏彩灯点亮。

PLC 执行[>= T0 K80]指令和[< T0 K90] 指令，判断 T0 的经过值是否在 8～9s 时段内，如果 T0 的经过值在此时段内，则 PLC 执行[MOV K64 K2Y000]指令，Y6 线圈得电，第 7 盏彩灯点亮。

PLC 执行[>= T0 K90]指令和[< T0 K100] 指令，判断 T0 的经过值是否在 9～10s 时段内，如果 T0 的经过值在此时段内，则 PLC 执行[MOV K32 K2Y000]指令，Y5 线圈得电，第 6 盏彩灯点亮。

PLC 执行[>= T0 K100]指令和[< T0 K110] 指令，判断 T0 的经过值是否在 10～11s 时段内，如果 T0 的经过值在此时段内，则 PLC 执行[MOV K16 K2Y000]指令，Y4 线圈得电，第 5 盏彩灯点亮。

PLC 执行[>= T0 K110]指令和[< T0 K120] 指令，判断 T0 的经过值是否在 11～12s 时段内，如果 T0 的经过值在此时段内，则 PLC 执行[MOV K8 K2Y000]指令，Y3 线圈得电，第 4 盏彩灯点亮。

PLC 执行[>= T0 K120]指令和[< T0 K130] 指令，判断 T0 的经过值是否在 12～13s 时段内，如果 T0 的经过值在此时段内，则 PLC 执行[MOV K4 K2Y000]指令，Y2 线圈得电，第 3 盏彩灯点亮。

PLC 执行[>= T0 K130]指令和[< T0 K140] 指令，判断 T0 的经过值是否在 13～14s 时段内，如果 T0 的经过值在此时段内，则 PLC 执行[MOV K2 K2Y000]指令，Y1 线圈得电，第 2 盏彩灯点亮。

PLC 执行[= T0 K140]指令，判断 T0 的当前值是否是 14s，如果 T0 的当前值是 14s，则 PLC 执行[MOV K0 T0]指令，定时器 T0 复位，使程序进入循环执行状态。

当按下停止按钮 SB₂ 时，PLC 执行[RST M0]指令，M0 线圈失电。由于定时器 T0 的当前值为 0，所以 PLC 执行[MOV K0 K2Y000]指令后，输出继电器复位，彩灯全部熄灭。

实例6 用定时器控制交通信号灯运行程序设计

任务描述： 按下启动按钮，交通信号灯系统按如图 2-20 所示要求工作，绿灯闪烁的周期为 0.4s；按下停止按钮，所有信号灯均熄灭。

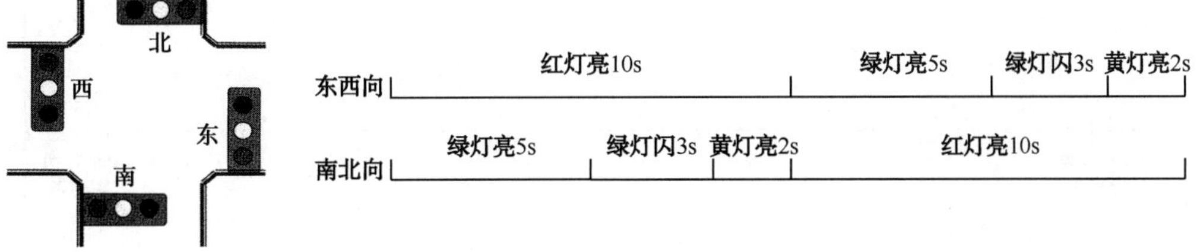

图 2-20 交通信号灯运行控制要求

1. 输入/输出元件及其控制功能

本实例用到的输入/输出元件及其控制功能如表 2-7 所示。

用定时器控制交通信号
灯运行过程演示

表 2-7 实例 6 输入/输出元件及其控制功能

说　明	PLC 软元件	元件文字符号	元件名称	控 制 功 能
输入	X0	SB₁	启动按钮	启动控制
	X1	SB₂	停止按钮	停止控制
输出	Y0	HL₁	东西向红灯	东西向禁行
	Y1	HL₂	东西向绿灯	东西向通行
	Y2	HL₃	东西向黄灯	东西向信号转换
	Y3	HL₄	南北向红灯	南北向禁行
	Y4	HL₅	南北向绿灯	南北向通行
	Y5	HL₆	南北向黄灯	南北向信号转换

2. 程序设计

（1）采用定时控制方式编写程序。

【思路点拨】

从图 2-20 中可以看出，交通信号灯按照时间原则依次点亮，其运行周期为 20s。在每个运行周期内，交通信号灯的控制又被划分为 6 个时间段，分别为 0～5s、5～8s、8～10s、10～15s、15～18s 和 18～20s，因此，可以采用定时控制方式编写程序。在程序设计时，多个定时器的定时基准时间可以相同，也可以不同。如果多个定时器的定时基准时间相同，则这样的程序结构称为并行；如果不相同，则称为串行。

① 用串行方式编写的程序。

用串行方式编写的交通信号灯运行控制程序如图 2-21 所示。

采用串行方式设计

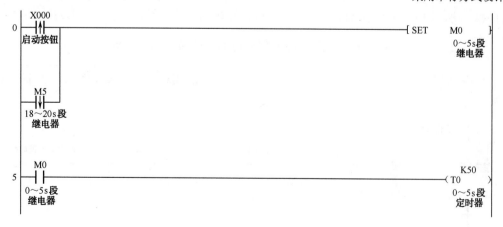

图 2-21 交通信号灯运行控制程序 1

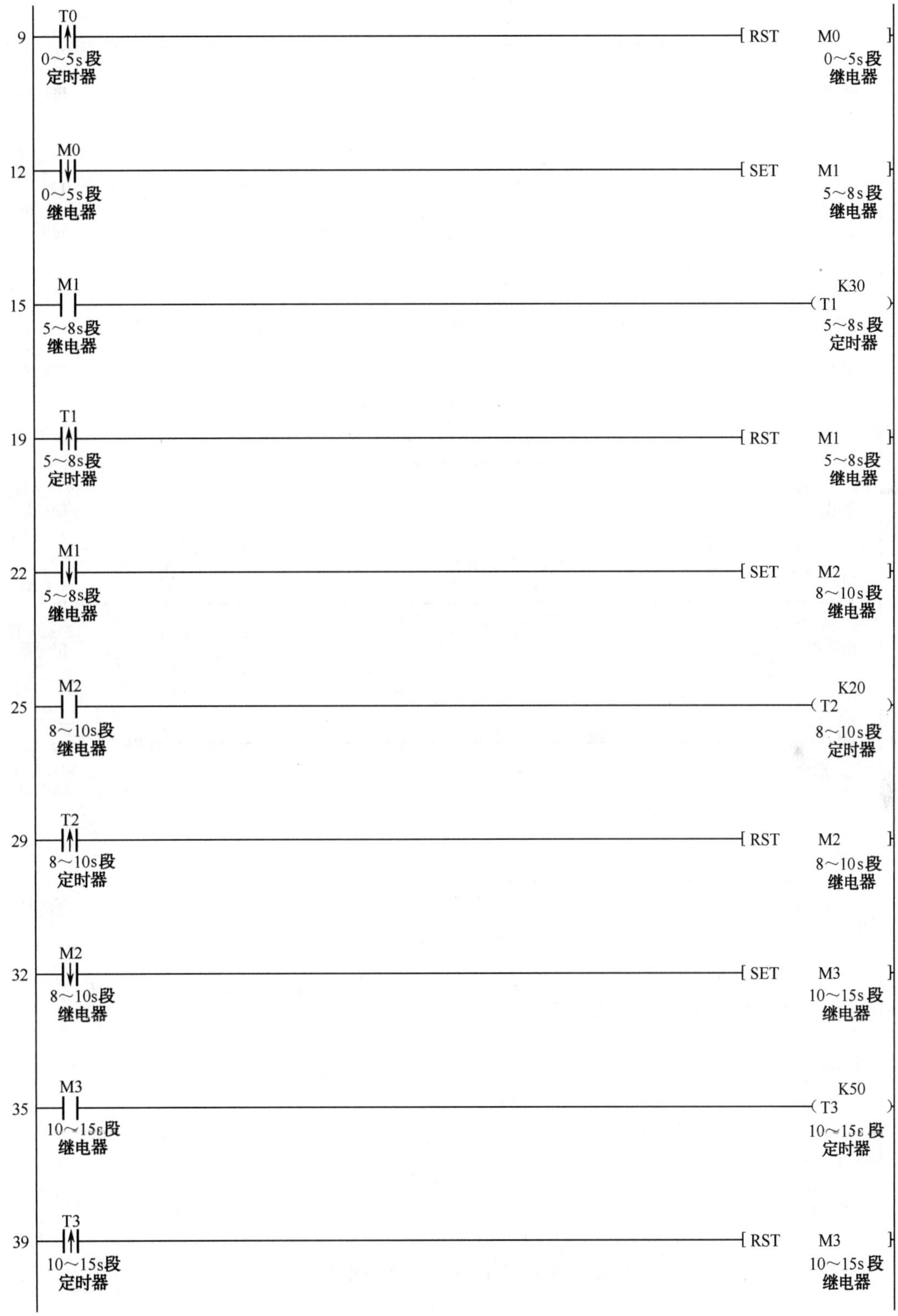

```
9    T0 ┤↑├                                              ─[ RST    M0 ]
     0~5s段                                                     0~5s段
     定时器                                                    继电器

12   M0 ┤↓├                                              ─[ SET    M1 ]
     0~5s段                                                     5~8s段
     继电器                                                    继电器

                                                                  K30
15   M1 ┤ ├                                                 ─( T1   )
     5~8s段                                                     5~8s段
     继电器                                                    定时器

19   T1 ┤↑├                                              ─[ RST    M1 ]
     5~8s段                                                     5~8s段
     定时器                                                    继电器

22   M1 ┤↓├                                              ─[ SET    M2 ]
     5~8s段                                                    8~10s段
     继电器                                                    继电器

                                                                  K20
25   M2 ┤ ├                                                 ─( T2   )
     8~10s段                                                   8~10s段
     继电器                                                    定时器

29   T2 ┤↑├                                              ─[ RST    M2 ]
     8~10s段                                                   8~10s段
     定时器                                                    继电器

32   M2 ┤↓├                                              ─[ SET    M3 ]
     8~10s段                                                  10~15s段
     继电器                                                    继电器

                                                                  K50
35   M3 ┤ ├                                                 ─( T3   )
     10~15s段                                                 10~15s段
     继电器                                                    定时器

39   T3 ┤↑├                                              ─[ RST    M3 ]
     10~15s段                                                 10~15s段
     定时器                                                    继电器
```

图 2-21 交通信号灯运行控制程序 1（续）

```
        M3                                              ┤ SET    M4 ├
42     ─┤↓├─
      10～15s段                                          15～18s段
      继电器                                             继电器

        M4                                                     K30
45     ─┤ ├─                                             ─(T4    )─
      15～18s段                                           15～18s段
      继电器                                              定时器

        T4                                              ┤ RST    M4 ├
49     ─┤↑├─
      15～18s段                                           15～18s段
      定时器                                              继电器

        M4                                              ┤ SET    M5 ├
52     ─┤↓├─
      15～18s段                                           18～20s段
      继电器                                              继电器

        M5                                                     K20
55     ─┤ ├─                                             ─(T5    )─
      18～20s段                                           18～20s段
      继电器                                              定时器

        T5                                              ┤ RST    M5 ├
59     ─┤↑├─
      18～20s段                                           18～20s段
      定时器                                              继电器

        M0
62     ─┤ ├─┬─                                          ─(Y000  )─
      0～5s段                                            东西向
      继电器                                             红灯

        M1
      ─┤ ├─┤
      5～8s段
      继电器

        M2
      ─┤ ├─┘
      8～10s段
      继电器
```

图 2-21　交通信号灯运行控制程序 1（续）

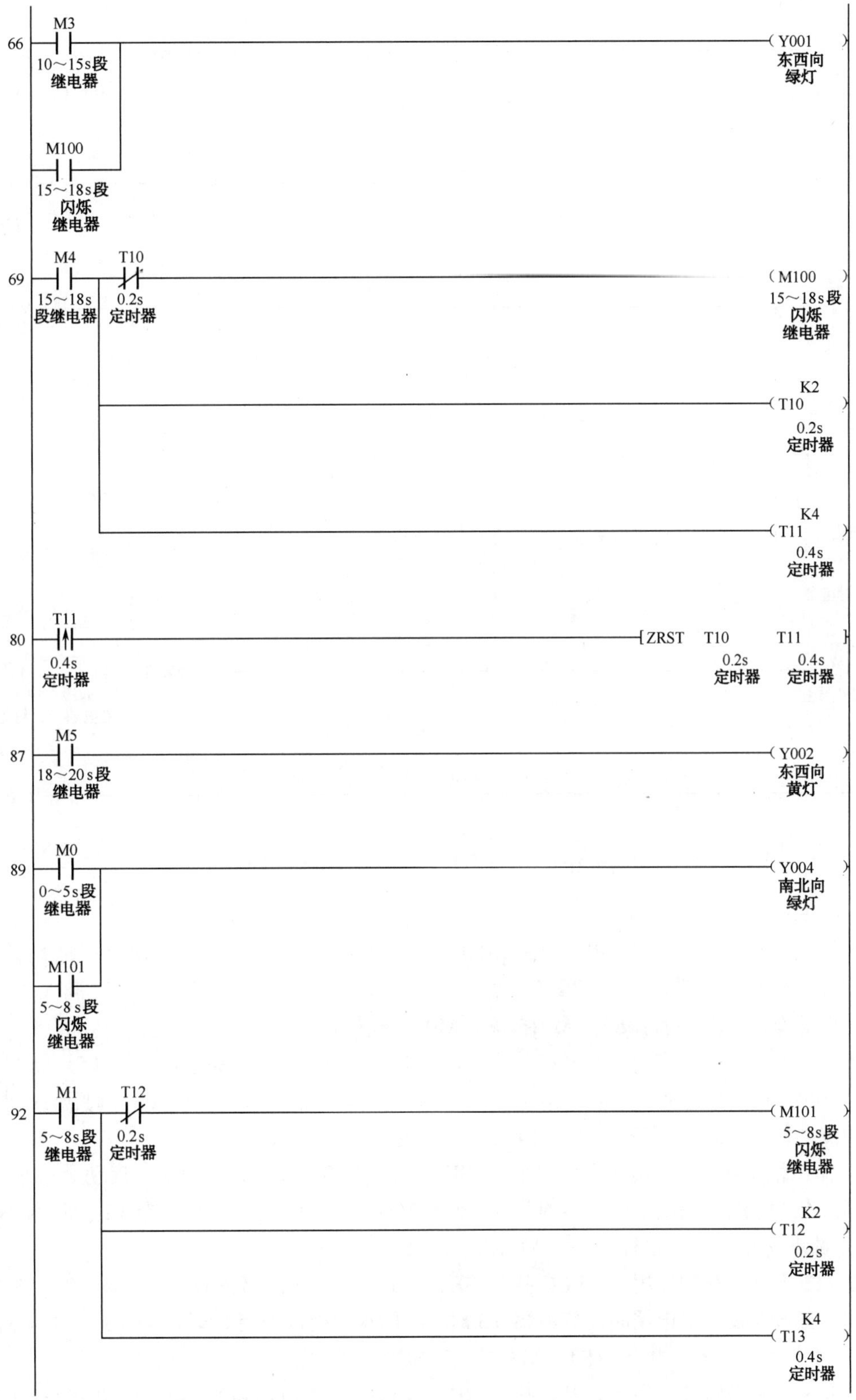

```
66    M3                                                    （Y001  ）
      ┤├                                                    东西向
   10~15s段                                                  绿灯
   继电器

      M100
      ┤├
   15~18s段
   闪烁
   继电器

69    M4    T10                                             （M100  ）
      ┤├    ┤│├                                             15~18s段
   15~18s  0.2s                                             闪烁
   段继电器  定时器                                            继电器

                                                             K2
                                                           （T10   ）
                                                            0.2s
                                                            定时器

                                                             K4
                                                           （T11   ）
                                                            0.4s
                                                            定时器

80    T11                               ─[ZRST   T10      T11   ]─
      ┤├                                         0.2s     0.4s
   0.4s                                          定时器     定时器
   定时器

87    M5                                                    （Y002  ）
      ┤├                                                    东西向
   18~20s段                                                  黄灯
   继电器

89    M0                                                    （Y004  ）
      ┤├                                                    南北向
   0~5s段                                                    绿灯
   继电器

      M101
      ┤├
   5~8s段
   闪烁
   继电器

92    M1    T12                                             （M101  ）
      ┤├    ┤│├                                             5~8s段
   5~8s段   0.2s                                             闪烁
   继电器    定时器                                            继电器

                                                             K2
                                                           （T12   ）
                                                            0.2s
                                                            定时器

                                                             K4
                                                           （T13   ）
                                                            0.4s
                                                            定时器
```

图 2-21　交通信号灯运行控制程序 1（续）

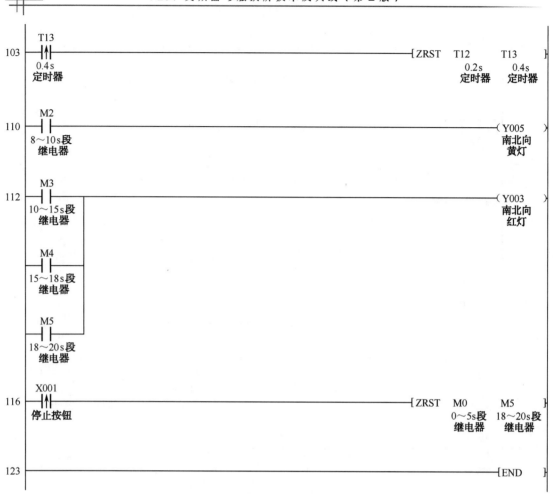

图 2-21　交通信号灯运行控制程序 1（续）

程序说明：

当按下启动按钮 SB₁ 时，PLC 执行[SET　M0]指令，M0 线圈得电，启动 0～5s 时段的控制；在 M0 线圈得电期间，定时器 T0 对 M0 的得电时间进行计时，当 T0 计时满 5s 时，T0 常开触点动作，PLC 执行[RST　M0]指令，M0 线圈失电。

在 M0 下降沿脉冲作用下，PLC 执行[SET　M1]指令，M1 线圈得电，启动 5～8s 时段的控制；在 M1 线圈得电期间，定时器 T1 对 M1 的得电时间进行计时，当 T1 计时满 3s 时，T1 常开触点动作，PLC 执行[RST　M1]指令，M1 线圈失电。

在 M1 下降沿脉冲作用下，PLC 执行[SET　M2]指令，M2 线圈得电，启动 8～10s 时段的控制；在 M2 线圈得电期间，定时器 T2 对 M2 的得电时间进行计时，当 T2 计时满 2s 时，T2 常开触点动作，PLC 执行[RST　M2]指令，M2 线圈失电。

在 M2 下降沿脉冲作用下，PLC 执行[SET　M3]指令，M3 线圈得电，启动 10～15s 时段的控制；在 M3 线圈得电期间，定时器 T3 对 M3 的得电时间进行计时，当 T3 计时满 5s 时，T3 常开触点动作，PLC 执行[RST　M3]指令，M3 线圈失电。

在 M3 下降沿脉冲作用下，PLC 执行[SET　M4]指令，M4 线圈得电，启动 15～18s 时段的控制；在 M4 线圈得电期间，定时器 T4 对 M4 的得电时间进行计时，当 T4 计时满 3s 时，T4 常开触点动作，PLC 执行[RST M4]指令，M4 线圈失电。

在 M4 下降沿脉冲作用下，PLC 执行[SET M5]指令，M5 线圈得电，启动 18～20s 时段控制；在 M5 线圈得电期间，定时器 T5 对 M5 的得电时间进行计时，当 T5 计时满 2s 时，T5 常开触点动作，PLC 执行[RST M5]指令，M5 线圈失电。

在 M5 下降沿脉冲作用下，PLC 再次执行[SET M0]指令，使多段定时控制进入循环状态。

根据交通信号灯的运行时序要求，将 M0、M1 和 M2 组成 "或" 逻辑电路，驱动东西向红灯 Y0；将 M3 和 M100 组成 "或" 逻辑电路，驱动东西向绿灯 Y1，由 M4 控制 M100 频闪；M5 驱动东西向黄灯 Y2；将 M3、M4 和 M5 组成 "或" 逻辑电路，驱动南北向红灯 Y3；将 M0 和 M101 组成 "或" 逻辑电路，驱动南北向绿灯 Y4，由 M1 控制 M101 频闪；M2 驱动南北向黄灯 Y5。

当按下停止按钮 SB$_2$ 时，PLC 执行[ZRST M0 M5]指令，使 M0～M5 线圈同时失电，交通信号灯停止运行。

② 用并行方式编写的程序。

用并行方式编写的交通信号灯运行控制程序如图 2-22 所示。

采用并行方式设计

图 2-22 交通信号灯运行控制程序 2

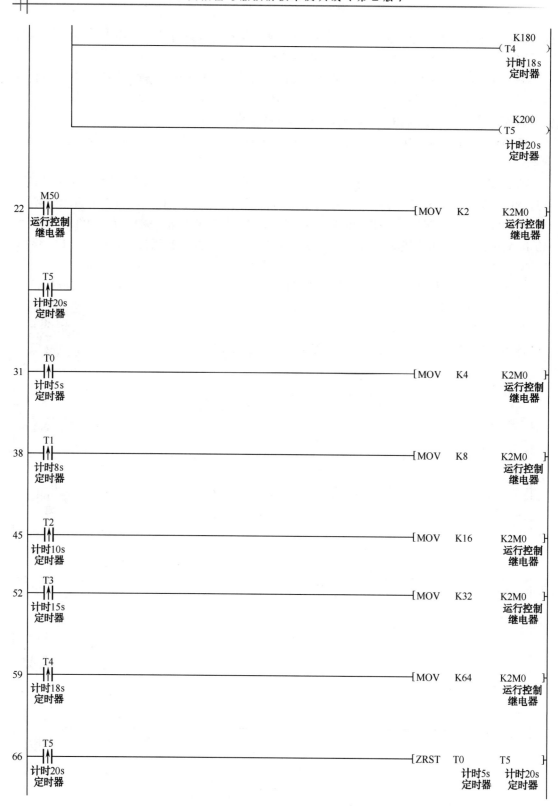

图 2-22　交通信号灯运行控制程序 2（续）

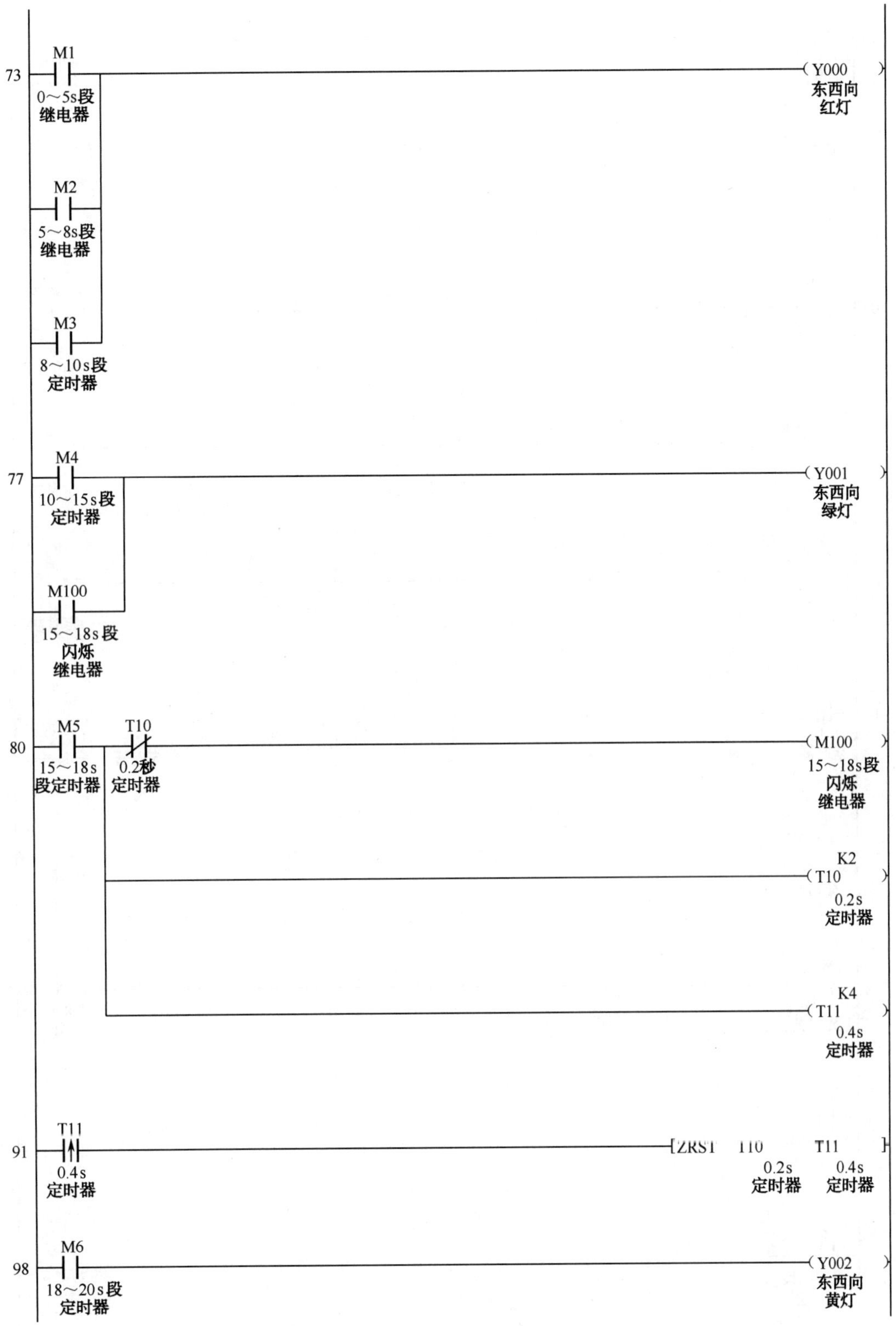

图 2-22　交通信号灯运行控制程序 2（续）

图 2-22 交通信号灯运行控制程序 2（续）

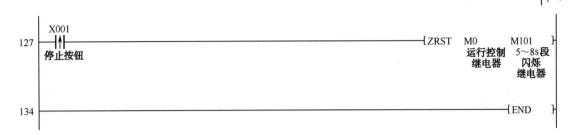

图 2-22　交通信号灯运行控制程序 2（续）

程序说明：

当按下启动按钮 SB_1 时，PLC 执行[SET　M50]指令，M50 线圈得电，驱动定时器 T0～T5 同时开始计时。

在 M50 上升沿脉冲作用下，PLC 执行[MOV　K2　K2M0]指令，M1 线圈得电，启动 0～5s 时段控制。

当 T0 计时满 5s 时，T0 常开触点动作，PLC 执行[MOV　K4　K2M0]指令，M2 线圈得电，启动 5～8s 时段控制。

当 T1 计时满 8s 时，T1 常开触点动作，PLC 执行[MOV　K8　K2M0]指令，M3 线圈得电，启动 8～10s 时段控制。

当 T2 计时满 10s 时，T2 常开触点动作，PLC 执行[MOV　K16　K2M0]指令，M4 线圈得电，启动 10～15s 时段控制。

当 T3 计时满 15s 时，T3 常开触点动作，PLC 执行[MOV　K32　K2M0]指令，M5 线圈得电，启动 15～18s 时段控制。

当 T4 计时满 18s 时，T4 常开触点动作，PLC 执行[MOV　K64　K2M0]指令，M6 线圈得电，启动 18～20s 时段控制。

当 T5 计时满 20s 时，T5 常开触点动作，PLC 执行[ZRST　T0　T5]指令，T0～T5 的当前计数值清零，同时从 0 开始重新计时；PLC 执行[MOV　K2　K2M0]指令，M1 线圈再次得电，启动 0～5s 时段控制。

根据交通信号灯的运行时序要求，将 M1、M2 和 M3 组成"或"逻辑电路，驱动东西向红灯 Y0；将 M4 和 M100 组成"或"逻辑电路，驱动东西向绿灯 Y1，由 M5 控制 M100 频闪；M6 驱动东西向黄灯 Y2；将 M4、M5 和 M6 组成"或"逻辑电路，驱动南北向红灯 Y3；将 M1 和 M101 组成"或"逻辑电路，驱动南北向绿灯 Y4，由 M2 控制 M101 频闪；M3 驱动南北向黄灯 Y5。

当按下停止按钮 SB_2 时，PLC 执行批量复位指令，使 M0～M101 线圈同时失电，交通信号灯停止运行。

（2）采用当前值比较方式编写程序。

【思路点拨】

交通信号灯的运行属于分时控制，只要能够判断出该控制系统当前所处的运行时段，就可以根据每个时段的具体控制要求编写相应的程序，从而完成全时段控制程序的设计。在本实例中，可以使用比较、触点比较和区间比较等指令来判断系统所处的当前时段。

采用触点比较指令设计

① 使用触点比较指令编写的程序。

使用触点比较指令编写的交通信号灯运行控制程序如图 2-23 所示。

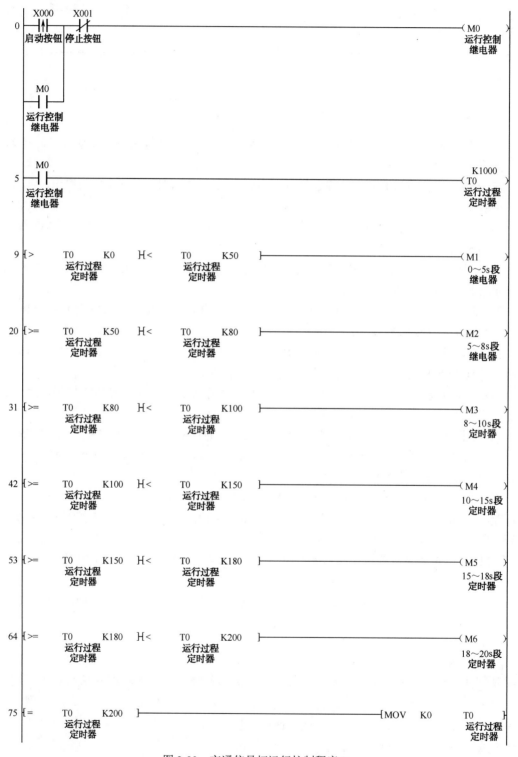

图 2-23　交通信号灯运行控制程序 3

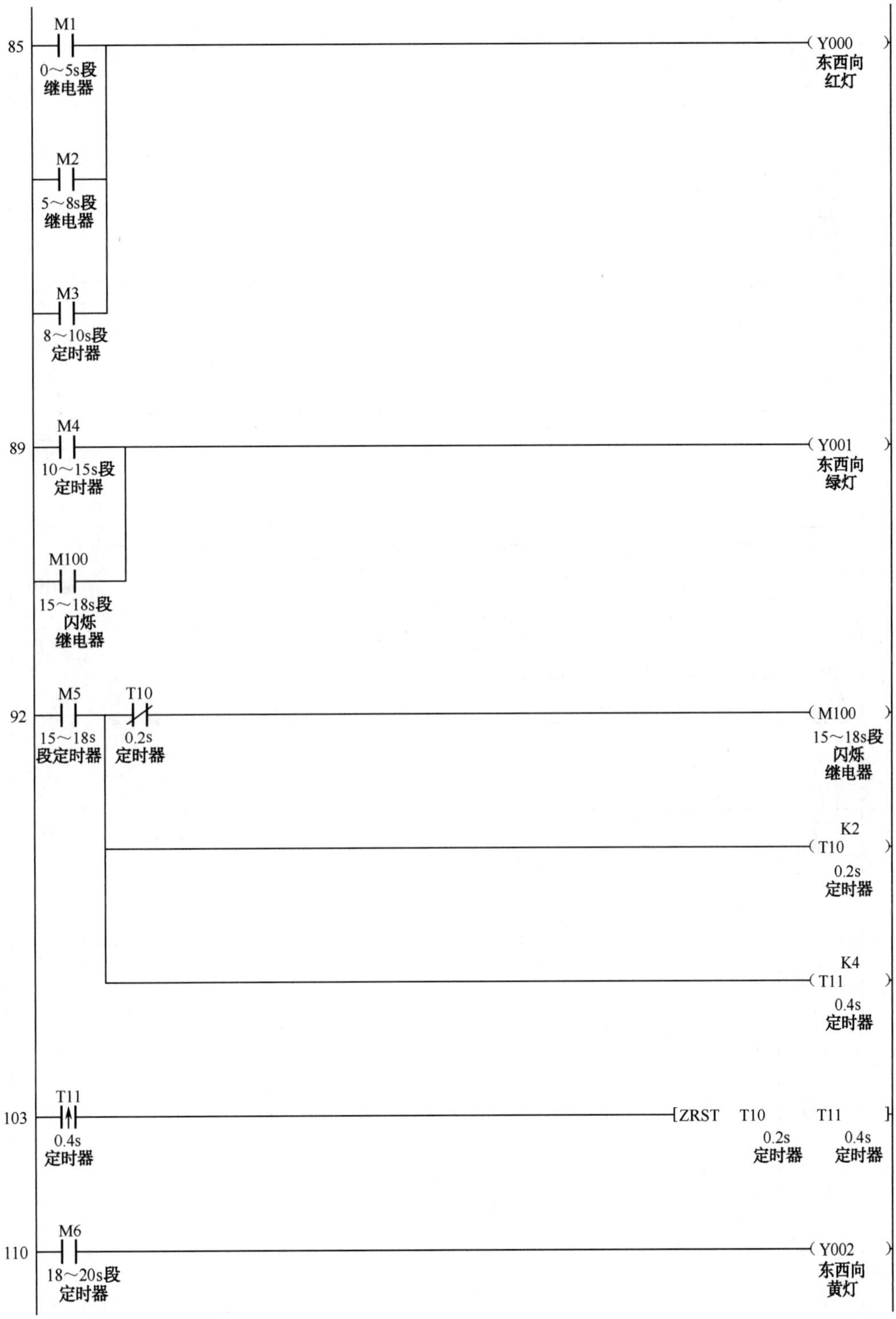

```
      M1
85   ─┤├─┬─────────────────────────────────────────────( Y000 )─
   0~5s段│                                                东西向
    继电器│                                                  红灯
       │
      M2 │
     ─┤├─┤
   5~8s段│
    继电器│
       │
      M3 │
     ─┤├─┘
   8~10s段
    定时器

      M4
89   ─┤├─┬─────────────────────────────────────────────( Y001 )─
  10~15s段│                                               东西向
    定时器│                                                  绿灯
       │
     M100│
     ─┤├─┘
  15~18s段
     闪烁
    继电器

      M5      T10
92   ─┤├──────┤/├──────────────────────────────────────( M100 )─
  15~18s │   0.2s                                     15~18s段
  段定时器│   定时器                                        闪烁
       │                                                继电器
       │
       │                                                   K2
       ├───────────────────────────────────────────────( T10 )─
       │                                                  0.2s
       │                                                 定时器
       │
       │                                                   K4
       └───────────────────────────────────────────────( T11 )─
                                                          0.4s
                                                         定时器

      T11
103  ─┤↑├─────────────────────────────[ZRST  T10     T11 ]─
    0.4s                                      0.2s    0.4s
    定时器                                     定时器   定时器

      M6
110  ─┤├─────────────────────────────────────────────( Y002 )─
  18~20s段                                             东西向
    定时器                                                黄灯
```

图 2-23 交通信号灯运行控制程序 3（续）

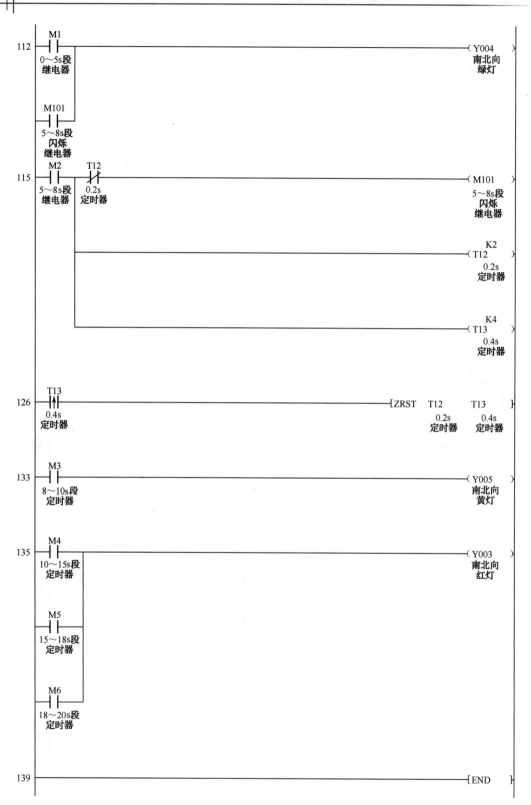

图 2-23　交通信号灯运行控制程序 3（续）

程序说明：

当按下启动按钮 SB₁ 时，在 X0 上升沿脉冲作用下，PLC 执行[OUT　M0]指令，M0 线圈得电，M0 常开触点闭合，允许程序循环执行。在 M0 线圈得电期间，驱动定时器 T0 计时，通过触点比较指令判断 T0 的经过值所处的运行时段。

PLC 执行[>　T0　K0]指令和[<　T0　K50] 指令，判断 T0 的经过值是否在 0～5s 时段内。如果 T0 的经过值在此时段内，则 M1 线圈得电。

PLC 执行[>=　T0　K50]指令和[<　T0　K80] 指令，判断 T0 的经过值是否在 5～8s 时段内。如果 T0 的经过值在此时段内，则 M2 线圈得电。

PLC 执行[>=　T0　K80]指令和[<　T0　K100] 指令，判断 T0 的经过值是否在 8～10s 时段内。如果 T0 的经过值在此时段内，则 M3 线圈得电。

PLC 执行[>=　T0　K100]指令和[<　T0　K150] 指令，判断 T0 的经过值是否在 10～15s 时段内。如果 T0 的经过值在此时段内，则 M4 线圈得电。

PLC 执行[>=　T0　K150]指令和[<　T0　K180] 指令，判断 T0 的经过值是否在 15～18s 时段内。如果 T0 的经过值在此时段内，则 M5 线圈得电。

PLC 执行[>=　T0　K180]指令和[<　T0　K200] 指令，判断 T0 的经过值是否在 18～20s 时段内。如果 T0 的经过值在此时段内，则 M6 线圈得电。

PLC 执行[=　T0　K200]指令，判断 T0 的当前值是否等于 20s，如果 T0 计时满 20s，则 PLC 执行[MOV　K0　T0] 指令，T0 被强制复位并重新开始计时。

根据交通信号灯的运行时序要求，将 M1、M2 和 M3 组成"或"逻辑电路，驱动东西向红灯 Y0；将 M4 和 M100 组成"或"逻辑电路，驱动东西向绿灯 Y1，由 M5 控制 M100 频闪；M6 驱动东西向黄灯 Y2；将 M4、M5 和 M6 组成"或"逻辑电路，驱动南北向红灯 Y3；将 M1 和 M101 组成"或"逻辑电路，驱动南北向绿灯 Y4，由 M2 控制 M101 频闪；M3 驱动南北向黄灯 Y5。

当按下停止按钮 SB₂ 时，M0 线圈失电，T0 复位并停止计时，M0～M6 线圈同时失电，交通信号灯停止运行。

② 使用区间比较指令编写的程序。

使用区间比较指令编写的交通信号灯运行控制程序如图 2-24 所示。

采用区间比较指令设计

图 2-24　交通信号灯运行控制程序 4

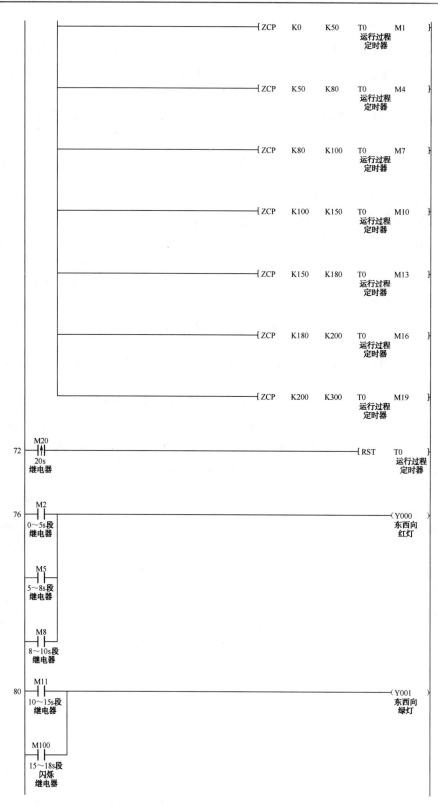

图 2-24　交通信号灯运行控制程序 4（续）

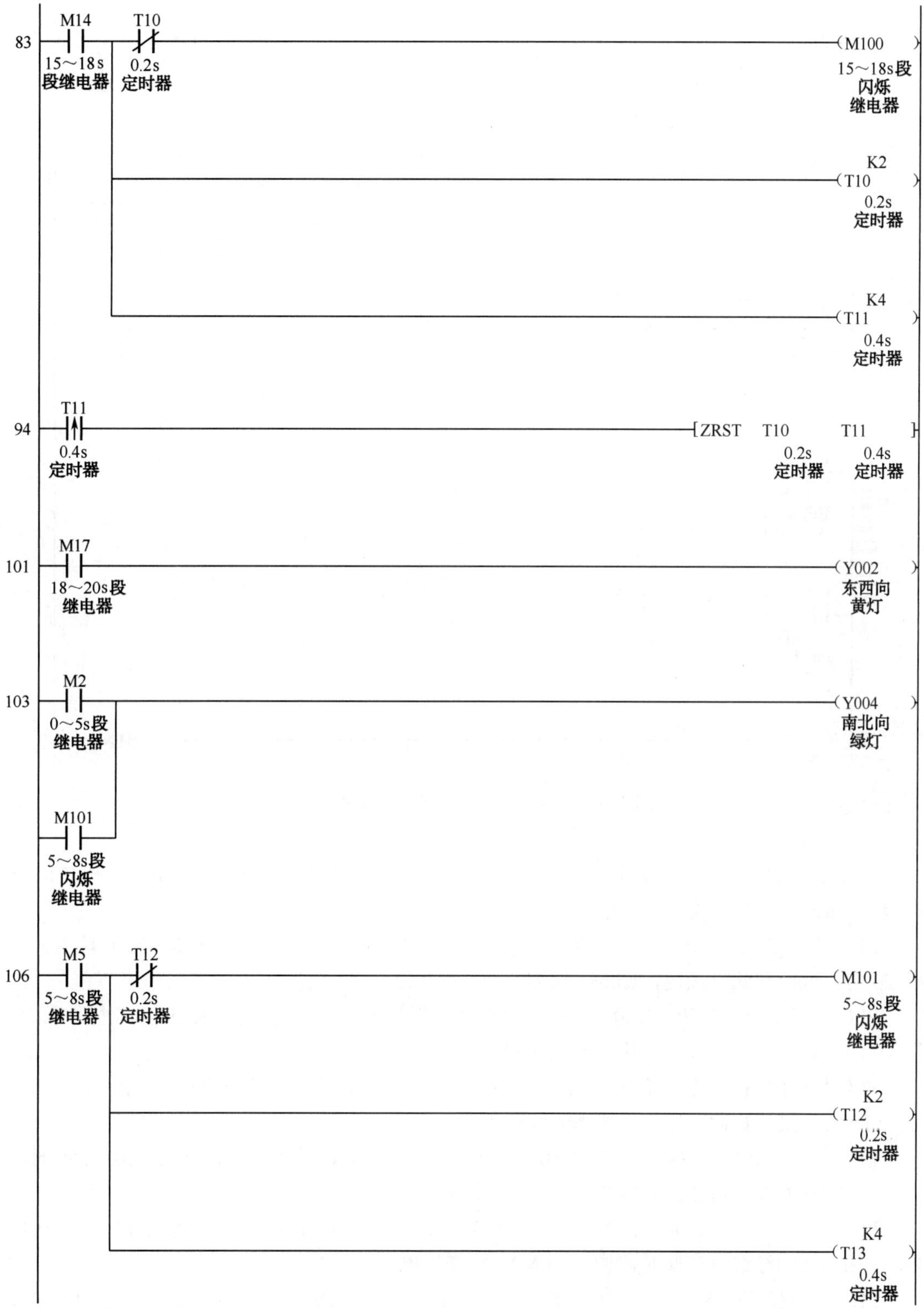

83 ─┤ ├──┤/├──(M100)
   M14 T10   15～18s段
   15～18s 0.2s   闪烁
   段继电器 定时器   继电器

                                                        ─(T10)
                                                         K2
                                                         0.2s
                                                         定时器

                                                        ─(T11)
                                                         K4
                                                         0.4s
                                                         定时器

94 ─┤↑↓├──────────────────────────────[ZRST T10   T11]
   T11   0.2s   0.4s
   0.4s   定时器   定时器
   定时器

101 ─┤ ├──(Y002)
    M17   东西向
    18～20s段   黄灯
    继电器

103 ─┤ ├──(Y004)
    M2   南北向
    0～5s段   绿灯
    继电器

    ─┤ ├──
    M101
    5～8s段
    闪烁
    继电器

106 ─┤ ├──┤/├──────────────────────────────────────(M101)
    M5   T12   5～8s段
    5～8s段 0.2s   闪烁
    继电器 定时器   继电器

                                                    ─(T12)
                                                     K2
                                                     0.2s
                                                     定时器

                                                    ─(T13)
                                                     K4
                                                     0.4s
                                                     定时器

图 2-24　交通信号灯运行控制程序 4（续）

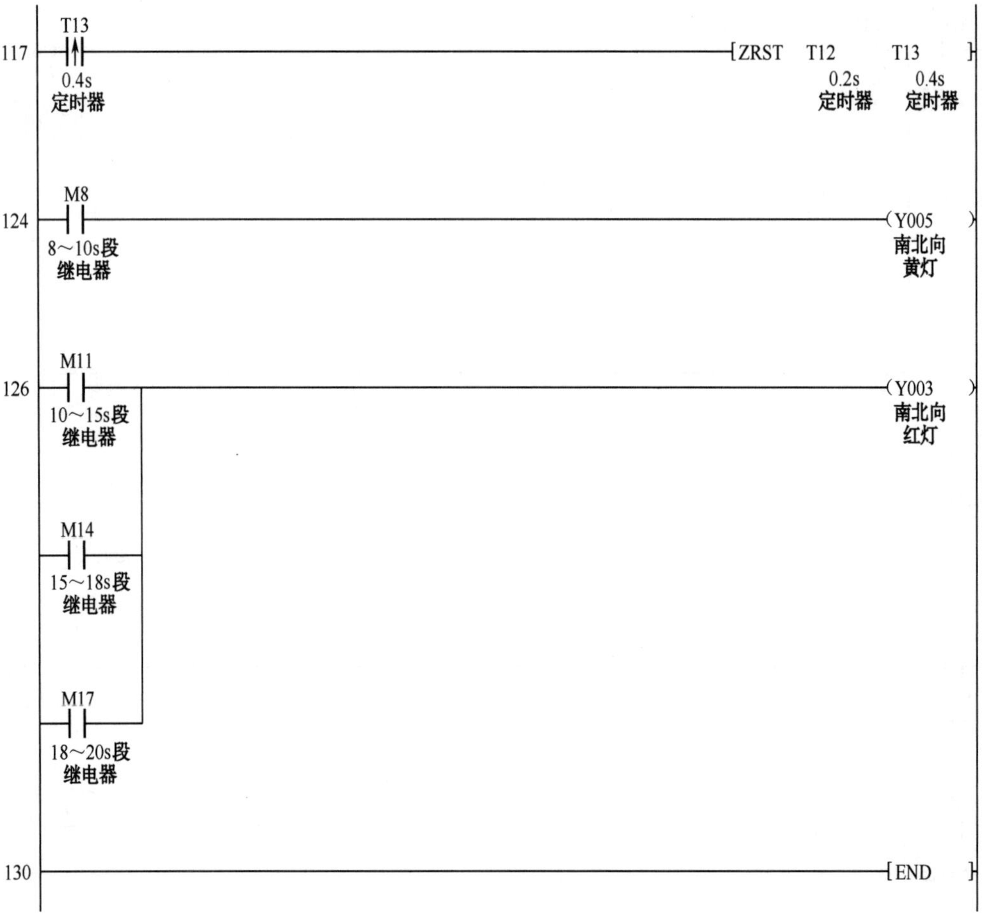

117 —|↑↑|—————————————————————————————[ZRST　T12　　T13]
　　　T13
　　　0.4s
　　　定时器　　　　　　　　　　　　　　　　　　　　　0.2s　　0.4s
　　　　　　　　　　　　　　　　　　　　　　　　　　定时器　定时器

124 —| |———(Y005)
　　　M8　　　　　　　　　　　　　　　　　　　　　　　　　　　南北向
　　　8～10s段　　　　　　　　　　　　　　　　　　　　　　　黄灯
　　　继电器

126 —| |———(Y003)
　　　M11　　　　　　　　　　　　　　　　　　　　　　　　　南北向
　　　10～15s段　　　　　　　　　　　　　　　　　　　　　　红灯
　　　继电器

　　　M14
　　 —| |—
　　　15～18s段
　　　继电器

　　　M17
　　 —| |—
　　　18～20s段
　　　继电器

130 ——[END]

图 2-24　交通信号灯运行控制程序 4（续）

程序说明：

当按下启动按钮 SB₁ 时，在 X0 上升沿脉冲作用下，PLC 执行[OUT　M0]指令，M0 线圈得电，M0 驱动定时器 T0 计时。

PLC 执行[ZCP　K0　K50　T0　M1]指令，判断 T0 的经过值是否在 0～5s 时段内。如果 T0 的经过值在此时段内，则 M2 线圈得电。

PLC 执行[ZCP　K50　K80　T0　M4]指令，判断 T0 的经过值是否在 5～8s 时段内。如果 T0 的经过值在此时段内，则 M5 线圈得电。

PLC 执行[ZCP　K80　K100　T0　M7]指令，判断 T0 的经过值是否在 8～10s 时段内。如果 T0 的经过值在此时段内，则 M8 线圈得电。

PLC 执行[ZCP　K100　K150　T0　M10]指令，判断 T0 的经过值是否在 10～15s 时段内。如果 T0 的经过值在此时段内，则 M11 线圈得电。

PLC 执行[ZCP　K150　K180　T0　M13]指令，判断 T0 的经过值是否在 15～18s 时段内。如果 T0 的经过值在此时段内，则 M14 线圈得电。

PLC 执行[ZCP　K180　K200　T0　M16]指令，判断 T0 的经过值是否在 18～20s 时段内。如果 T0 的经过值在此时段内，则 M17 线圈得电。

PLC 执行[ZCP　K200　K300　T0　M19]指令，判断 T0 的当前值是否等于 20s。如果

T0计时满20s，则M20的常开触点闭合，PLC执行[RST T0]指令，T0被强制复位并重新开始计时。

根据交通信号灯的运行时序要求，将M2、M5和M8组成"或"逻辑电路，驱动东西向红灯Y0；将M11和M100组成"或"逻辑电路，驱动东西向绿灯Y1，由M14控制M100频闪；M17驱动东西向黄灯Y2；将M11、M14和M17组成"或"逻辑电路，驱动南北向红灯Y3；将M2和M101组成"或"逻辑电路，驱动南北向绿灯Y4，由M5控制M101频闪；M8驱动南北向黄灯Y5。

当按下停止按钮SB₂时，M0线圈失电，T0复位并停止计时，M0～M17线圈同时失电，交通信号灯停止运行。

2.3.3 计数器应用程序设计

实例7 用计数器控制圆盘转动程序设计

任务描述：按下启动按钮，圆盘正向旋转，圆盘每转动一周发出一个检测信号，当圆盘正向旋转2圈后，圆盘停止旋转。在圆盘静止5s后，圆盘反向旋转，当圆盘反向旋转2圈后，圆盘停止旋转。在圆盘静止5s后，圆盘再次正向旋转，如此重复。任意时刻按下停止按钮，圆盘立即停止。当再次按下启动按钮时，圆盘按照停止前的方向旋转。

1. 输入/输出元件及其控制功能

本实例用到的输入/输出元件及其控制功能如表2-8所示。

用计数器控制圆盘转动
运行过程演示

表2-8 实例7输入/输出元件及其控制功能

说　明	PLC软元件	元件文字符号	元件名称	控制功能
输入	X0	SB₁	按钮	启动控制
	X1	SB₂	按钮	停止控制
	X2	SQ₁	传感器	信号检测
输出	Y0	KM₁	接触器	正转接通或分断电源
	Y1	KM₂	接触器	反转接通或分断电源

2. 控制程序设计

【思路点拨】

在本实例中，可以使用计数器完成3项任务：第一项任务是计数，记录圆盘的旋转圈数；第二项任务是状态保持，使圆盘再启动时恢复原工作状态；第三项任务是替换定时器，用作圆盘静止时的定时控制。这3项任务代表了计数器的3种使用方法，请读者认真分析，进而达到熟练掌握、灵活运用的目的。

用计数控制方式编写的圆盘转动控制程序如图2-25所示。

程序说明：

范例分析

当按下启动按钮 SB₁ 时，计数器 C0 动作，C0 的常开触点变为常闭状态，Y0 线圈得电，圆盘开始正转，同时计数器 C11 和 C12 复位。在 Y0 线圈得电期间，计数器 C1 对传感器检测信号 X2 进行计数。当圆盘正转 2 圈后，计数器 C1 动作，C1 的常开触点变为常闭状态，计数器 C0 复位，Y0 线圈失电，圆盘停止转动。在 C1 的常开触点闭合期间，计数器 C2 对秒脉冲信号进行计数。

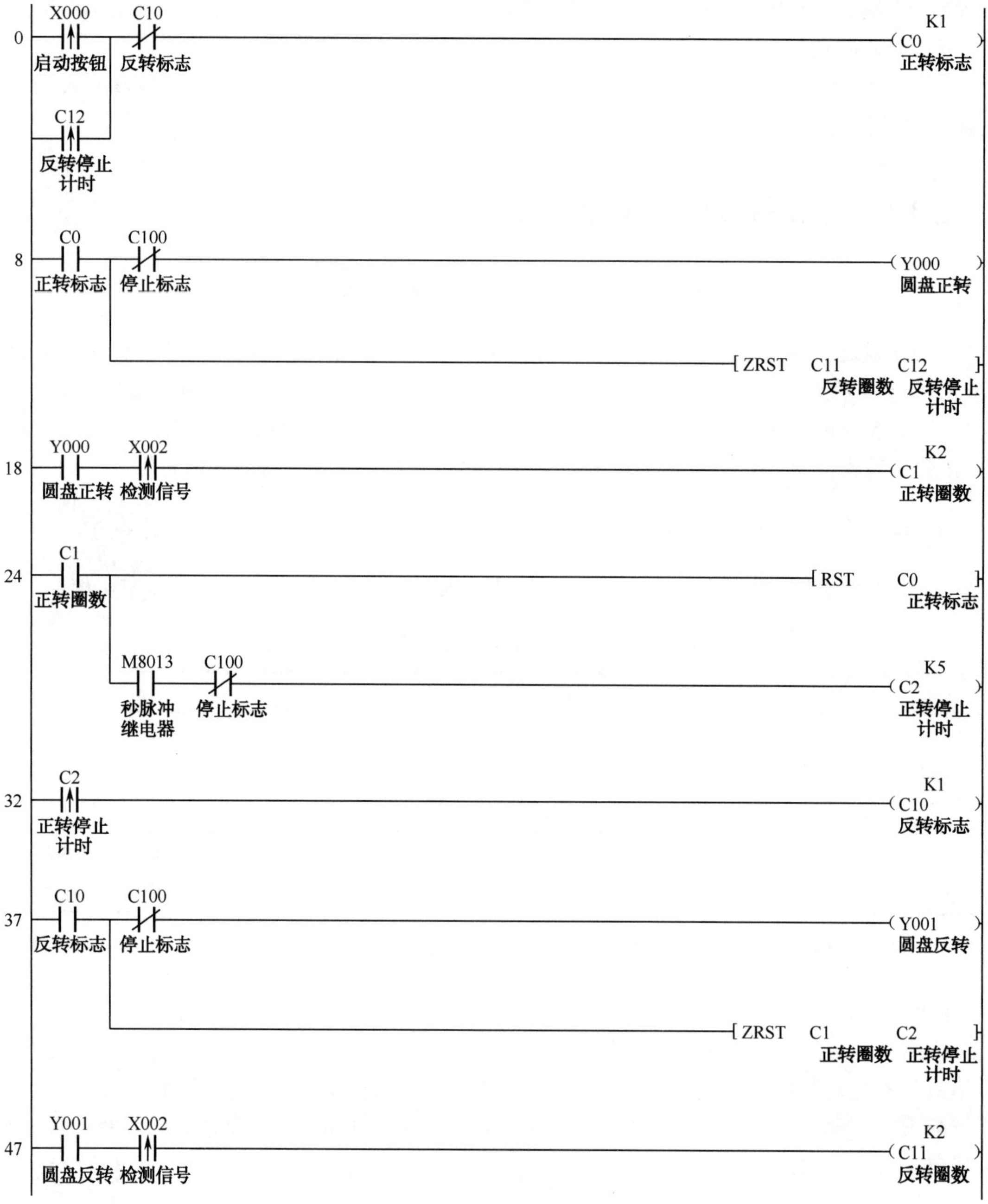

图 2-25　圆盘转动控制程序

图 2-25　圆盘转动控制程序（续）

当圆盘停留 5s 后，计数器 C2 动作，C2 的常开触点变为常闭状态，计数器 C10 动作，Y1 线圈得电，圆盘开始反转，同时计数器 C1 和 C2 复位。在 Y1 线圈得电期间，计数器 C11 对传感器检测信号 X2 进行计数。当圆盘反转 2 圈后，计数器 C11 动作，C11 的触点由常开变为常闭，计数器 C10 复位，Y1 线圈失电，圆盘停止转动。在 C11 的常开触点闭合期间，计数器 C12 对秒脉冲信号进行计数。

当圆盘再次停留 5s 后，计数器 C12 动作，Y0 线圈得电，圆盘进入循环工作状态。

当按下停止按钮 SB₂ 时，计数器 C100 动作，C100 的常开触点变为常闭状态，Y0 和 Y1 线圈失电，圆盘停止转动，计数器 C2 和 C12 停止计数，计时停止。当按下启动按钮 SB₁ 时，计数器 C100 复位，圆盘按照停止前的方向继续旋转。

实例 8　用计数器实现暂停控制程序设计

任务描述：某电动机的定时启停控制程序如图 2-26 所示，要求使用计数器对该程序进行修改，使该程序具有暂停功能。

1. 输入/输出元件及其控制功能

本实例用到的输入/输出元件及其控制功能如表 2-9 所示。

用计数器实现暂停控制
运行过程演示

表 2-9　实例 8 输入/输出元件及其控制功能

说　　明	PLC 软元件	元件文字符号	元　件　名　称	控　制　功　能
输入	X0	SB₁	启动按钮	启动控制
	X1	SB₂	停止按钮	停止控制
	X2	SB₃	暂停按钮	暂停控制
输出	Y0	KM₁	主接触器	接通或分断电源

2. 控制程序设计

【思路点拨】

分析图 2-26 可知，当按下启动按钮 SB₁ 时，电动机开始运行。在电动机运行 5s 后，电动机停止运行；在电动机停止运行 5s 后，电动机又开始运行。当按下停止按钮 SB₂ 时，电动机停止运行。对于图 2-26 所示的程序，如果采用继电器方法实现暂停控制，则定时器的经过值将无法保持，当暂停结束后，系统将无法恢复到原运行状态。为解决这一问题，使用计数器来代替原程序中的定时器，因为计数器具有经过值保持功能。

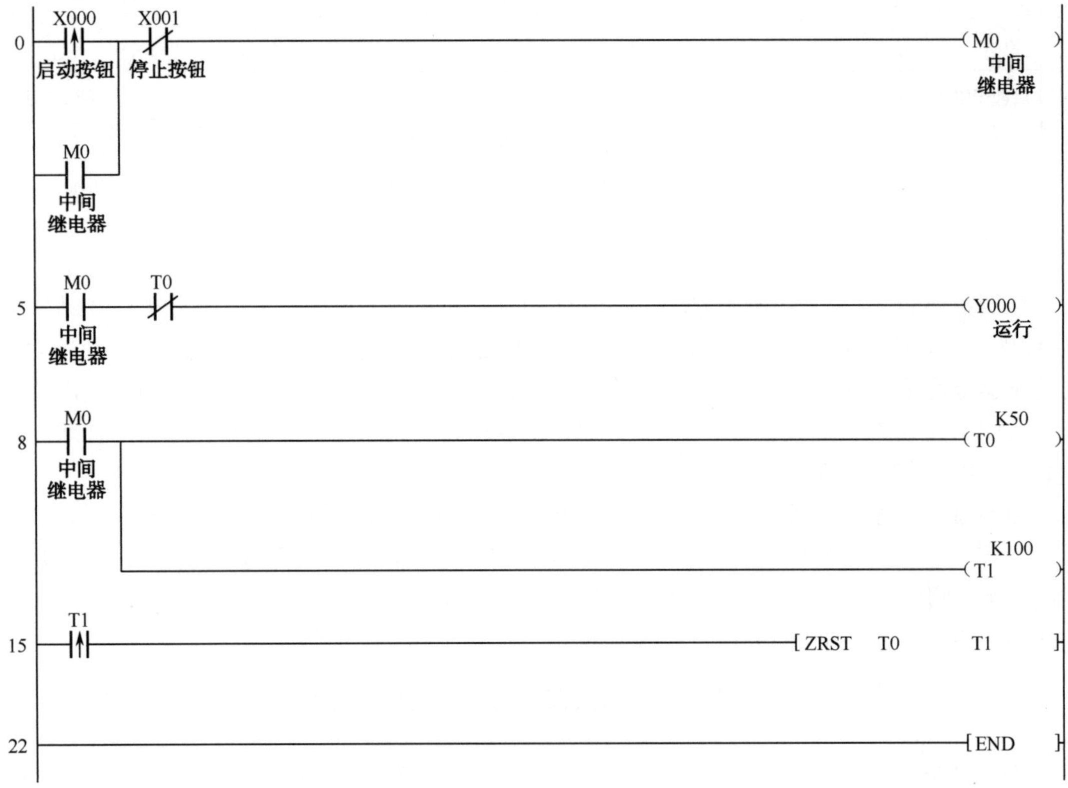

图 2-26 定时启停控制程序

使用计数器来替换原程序中的定时器，修改后的程序如图 2-27 所示。

程序说明：

当按下启动按钮 SB₁ 时，PLC 执行[C0   K1]指令，计数器 C0 的常开触点变为常闭，Y0 线圈得电，电动机进入运行状态。

范例分析

当首次按下暂停按钮 SB₃ 时，PLC 执行[C3   K1]指令和[C4   K2]指令，计数器 C3 的常闭触点变为常开，Y0 线圈失电，电动机进入暂停状态。在暂停过程中，计数器 C1 和 C2 当前的计数值被保持。

当再次按下暂停按钮 SB₃ 时，PLC 执行[C4   K2]指令，计数器 C4 的常开触点变为常闭。PLC 执行[ZRST   C3   C4]指令，计数器 C3 和 C4 复位，Y0 线圈再次得电，电动机恢复运行状态。

当按下停止按钮 SB$_2$ 时，PLC 执行[ZRST C0 C4]指令，计数器 C0～C4 复位，Y0 线圈失电，电动机停止运行。

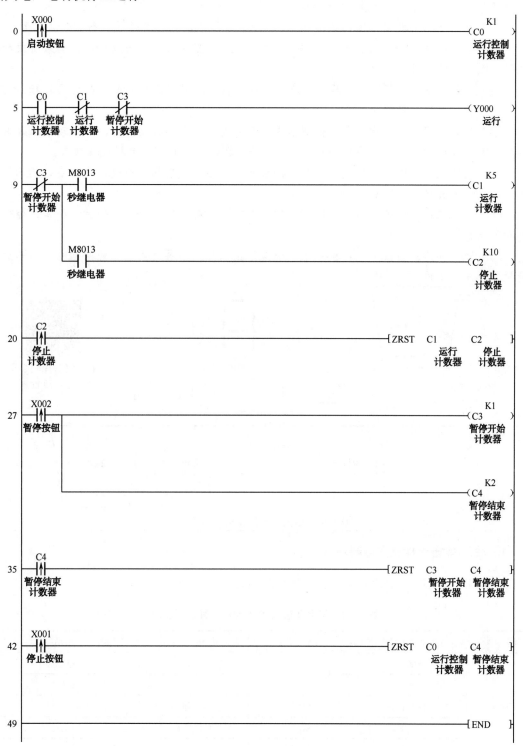

图 2-27 计数启停/暂停控制程序

实例9　用计数器控制小车运货程序设计

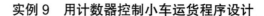

　　任务描述： 运货小车往复运行示意图如图2-28所示。

　　（1）初始状态。数码管显示数字0，小车没有装载货物；小车处于左行程开关位置。

　　（2）装货过程。每点动按压装卸按钮一次，数码管显示的数字自动加1。当装货次数达到5次时，装货过程结束。

　　（3）右行过程。当装货完成后，小车在原地停留2s，然后向右行驶，此时右行指示灯亮，数码管一直显示数字5。

　　（4）卸货过程。当运货小车运行到右限位开关处时，小车自动停止，每点动按压装卸按钮一次，数码管显示的数字自动减1。当卸料次数达到5次时，卸料过程结束。

　　（5）左行过程。当卸货完成后，小车在原地停留2s，然后向左行驶，此时左行指示灯亮，数码管一直显示数字0。

　　（6）循环工作。小车始终处于循环工作状态下，只有当按下停止按钮时，小车才会恢复初始状态。

　　（7）暂停功能。当按下暂停按钮时，小车停止工作；当再次按下暂停按钮时，小车继续执行原来的工作。

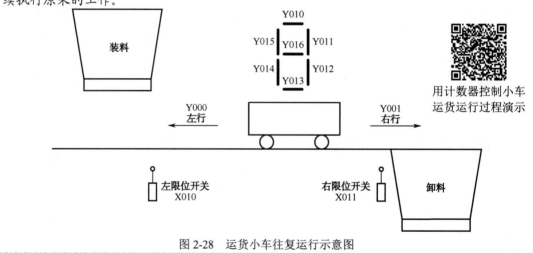

图2-28　运货小车往复运行示意图

1. 输入/输出元件及其控制功能

本实例用到的输入/输出元件及其控制功能如表2-10所示。

表2-10　实例9输入/输出元件及其控制功能

说　　明	PLC 软元件	元件文字符号	元 件 名 称	控 制 功 能
输入	X000	SB$_1$	按　钮	暂停控制
	X001	SB$_2$	按　钮	停止控制
	X002	SB$_3$	按　钮	装卸控制
	X010	SQ$_1$	行程开关	左限位检测
	X011	SQ$_2$	行程开关	右限位检测

续表

说　明	PLC 软元件	元件文字符号	元件名称	控制功能
输出	Y000	KM₁	接触器	左行控制
	Y001	KM₂	接触器	右行控制
	Y010～Y017		数码管	货物数量显示

2. 控制程序设计

【思路点拨】

在编写该实例程序时，应着重解决两个问题：一个问题是如何掌握小车的装载信息；另一个问题是如何控制小车的行进方向。针对第一个问题，可以使用一个可逆计数器对装/卸货进行加/减计数，只要能读取可逆计数器的当前值，就能准确掌握小车的装载信息。针对第二个问题，结合触点比较指令，把可逆计数器的当前值当作其中一个比较字元件，如果小车是满载的，则用比较指令驱动小车右行；如果小车是空载的，则用比较指令驱动小车左行。

范例分析

用计数控制方式编写的运货小车往复运行程序如图 2-29 所示。

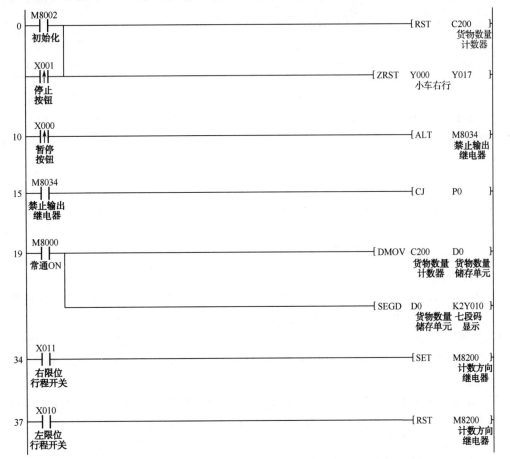

图 2-29　运货小车往复运行梯形图

```
40  X002
    ├─┤├──┬──[<  D0    K5]──┬──X010──────────────────────────────────(C200 )
    装卸料 │    货物数量              左限位                            K100
    计数按钮│    储存单元              行程开关                         货物数量
          │                                                          计数器
          │
          └──[>  D0    K0]──┬──X011──┘
               货物数量          右限位
               储存单元          行程开关

61  ┤=  D0    K5├──X010──M8013────────────────────────────────────(C100 )
    货物数量          左限位  秒脉冲                                   K2
    储存单元          行程开关 继电器

71  C100
    ├─┤├────────────────────────────────────────────────────────(Y000 )
                                                                  小车右行

73  X011
    ├─┤├───────────────────────────────────────────[RST   C100]
    右限位
    行程开关

76  ┤=  D0    K0├──X011──M8013────────────────────────────────────(C101 )
    货物数量          右限位  秒脉冲                                   K2
    储存单元          行程开关 继电器

86  C101
    ├─┤├────────────────────────────────────────────────────────(Y001 )
                                                                  小车左行

88  X010
    ├─┤├───────────────────────────────────────────[RST   C101]
    左限位
    行程开关

91

92  ───────────────────────────────────────────────────────────[END ]
```

图 2-29 运货小车往复运行梯形图（续）

程序说明：

PLC 上电后，程序先进行初始化，在 M8002 触点的驱动下，PLC 执行[RST　C200]指令，将计数器 C200 复位；PLC 执行[ZRST　Y000　Y017]指令，将输出继电器 Y000～Y017 复位。在 M8000 触点的驱动下，PLC 执行[DMOV　C200　D0]指令，将 C200 中的数值存放到 D0中；PLC 执行[SEGD　D0　K2Y010]指令，将 D0 中的数值译成七段码，并通过#1 输出单元显示该数值。

当小车到达左限位位置时，行程开关 SQ_1 受压，继电器 M8200 为 OFF 状态，C200 的计数方向为加计数。每点动按压一次装卸按钮 X2，C200 中的数值加 1，直到（C200）=5 结束。

当小车到达右限位位置时，行程开关 SQ_2 受压，继电器 M8200 为 ON 状态，C200 的计数方向为减计数。每点动按压一次装卸按钮 X2，C200 中的数值减 1，直到（C200）=0 结束。

当小车停在左限位位置且（C200）=5 时，计数器 C100 开始对秒脉冲信号进行计数。当（C100）=2 时，计数器 C100 动作，C100 的触点由常开变为常闭，Y0 线圈得电，小车向右行驶。当小车向右行驶到右限位位置时，行程开关 SQ$_2$ 受压，PLC 执行 RST 指令，Y0 线圈失电，小车右行停止。

当小车停在右限位位置且（C200）=0 时，计数器 C101 开始对秒脉冲信号进行计数。当（C101）=2 时，计数器 C100 动作，C100 的触点由常开变为常闭，Y1 线圈得电，小车向左行驶。当小车向左行驶到左限位位置时，行程开关 SQ$_1$ 受压，PLC 执行 RST 指令，Y1 线圈失电，小车左行停止。

当按下暂停按钮 SB$_1$ 时，PLC 执行[ALT　M8034]指令，继电器 M8034 的触点由常开变为常闭，PLC 的全部对外输出停止；PLC 执行[CJ　P0]指令，主程序发生跳转，小车暂停运行。当再次按下暂停按钮 SB$_1$ 时，PLC 执行[ALT　M8034]指令，继电器 M8034 的触点由常闭恢复为常开，PLC 的全部对外输出被允许，PLC 主程序不跳转，小车恢复原状态运行。

2.3.4　顺序控制程序设计

实例 10　天塔之光控制程序设计

任务描述：天塔灯光的布置如图 2-30 所示，当按下启动按钮时，天塔之光开始按程序顺序闪烁：第 1 组灯 L1 亮 1s 后灭；接着第 2 组灯 L2、L3、L4 亮 1s 后灭；再接着第 3 组灯 L5、L6、L7、L8 亮 1s 后灭，然后第 2 组灯 L2、L3、L4 亮 1s 后灭，最后第 1 组灯 L1 亮 1s 后灭，此后程序循环执行。当按下停止按钮时，灯全部熄灭。

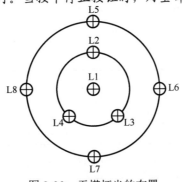

天塔之光控制程序
运行过程演示

图 2-30　天塔灯光的布置

1. 输入/输出元件及其控制功能

本实例用到的输入/输出元件及其控制功能如表 2-11 所示。

表 2-11　实例 10 输入/输出元件及其控制功能

说　明	PLC 软元件	元件文字符号	元件名称	控制功能
输入	X0	SB$_1$	启动按钮	启动控制
	X1	SB$_2$	停止按钮	停止控制

续表

说　　明	PLC软元件	元件文字符号	元件名称	控制功能
输出	Y0	HL$_1$	灯	指示
	Y1	HL$_2$	灯	指示
	Y2	HL$_3$	灯	指示
	Y3	HL$_4$	灯	指示
	Y4	HL$_5$	灯	指示
	Y5	HL$_6$	灯	指示
	Y6	HL$_7$	灯	指示
	Y7	HL$_8$	灯	指示

2. 控制程序设计

【思路点拨】

因为天塔上的 3 组灯是按照规定的顺序要求进行点亮的，所以本实例特别适合使用步进指令来编写控制程序。在一个周期内，灯的闪烁可分为 4 个状态步，即第 1 组灯点亮、第 2 组灯点亮、第 3 组灯点亮、第 2 组灯点亮。每个状态步都采用定时器计时控制，通过定时器触点的动作激活下一个状态步。

范例分析

用步进指令编写的天塔之光程序如图 2-31 所示。

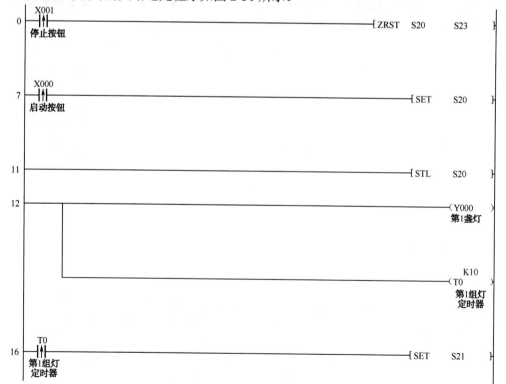

图 2-31　天塔之光梯形图

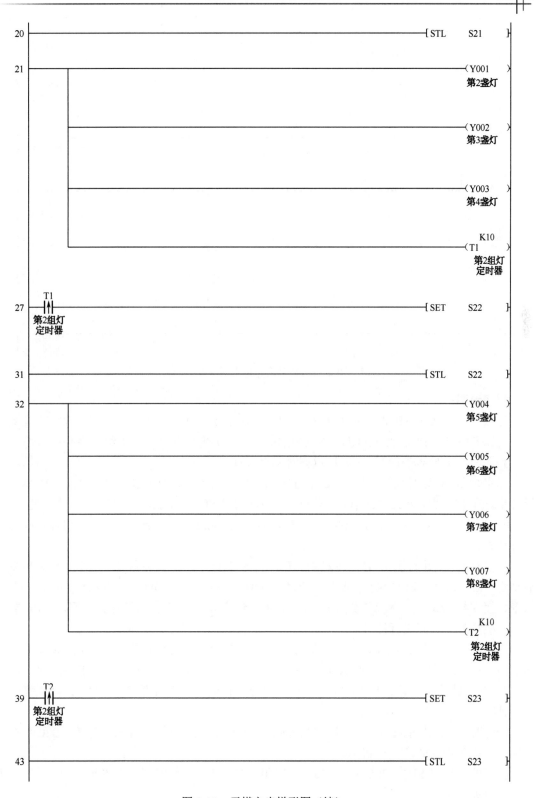

图 2-31 天塔之光梯形图（续）

图 2-31　天塔之光梯形图（续）

程序说明：

当按下启动按钮 SB₁ 时，PLC 执行[SET　S20]指令，使状态器 S20 有效，S20 步变为活动步。在 S20 步，PLC 执行[OUT　Y000]指令，使 Y0 线圈得电，第 1 组灯点亮；在第 1 组灯点亮期间，定时器 T0 对第 1 组灯点亮时间进行计时。

当定时器 T0 计时满 1s 时；PLC 执行[SET　S21]指令，使状态器 S21 有效，S21 步变为活动步。在 S21 步，PLC 执行[OUT　Y001]、[OUT　Y002] 和[OUT　Y003]指令，使 Y1、Y2 和 Y3 线圈得电，第 2 组灯点亮。在第 2 组灯点亮期间，定时器 T1 对第 2 组灯点亮时间进行计时。

当定时器 T1 计时满 1s 时；PLC 执行[SET　S22]指令，使状态器 S22 有效，S22 步变为活动步。在 S22 步，PLC 执行[OUT　Y004]、[OUT　Y005] 、[OUT　Y006]和[OUT　Y007]指令，使 Y4、Y5、Y6 和 Y7 线圈得电，第 3 组灯点亮。在第 3 组灯点亮期间，定时器 T2 对第 3 组灯点亮时间进行计时。

当定时器 T2 计时满 1s 时；PLC 执行[SET　S23]指令，使状态器 S23 有效，S23 步变为活动步。在 S23 步，PLC 执行[OUT　Y001]、[OUT　Y002] 和[OUT　Y003]指令，使 Y1、Y2 和 Y3 线圈得电，第 2 组灯点亮。在第 2 组灯点亮期间，定时器 T3 对第 2 组灯点亮时间进行计时。

当定时器 T3 计时满 1s 时；PLC 执行[SET　S20]指令，使状态器 S20 有效，S20 步变为活动步，程序进入循环执行状态。

按下停止按钮 SB₂，PLC 执行[ZRST　S20　S23]指令，此时状态器 S20～S23 复位，天塔灯光熄灭。

实例 11　洗衣机控制程序设计

> **任务描述：** 设计一个工业洗衣机的 PLC 控制系统。
>
> **具体控制要求如下：** 启动后，进水阀打开，洗衣机注水，当水位上升到高水位时，进水阀关闭，开始洗涤。在洗涤期间，电动机先正转 20s，暂停 5s，然后反转 20s，暂停 5s，如此循环 3 次后，排水阀打开，洗衣机排水。当水位下降到低水位时，开始脱水，脱水时间为 10s，脱水结束后排水阀关闭，如此完成一个大循环。经过 3 次大循环后，洗衣全过程结束，系统自动停机。

1. 输入/输出元件及其控制功能

本实例用到的输入/输出元件及其控制功能如表 2-12 所示。

洗衣机控制程序运行过程演示

表 2-12　实例 11 输入/输出元件及其控制功能

说　明	PLC 软元件	元件文字符号	元件名称	控制功能
输入	X0	SB₁	启动按钮	启动控制
	X1	SB₂	停止按钮	停止控制
	X2	SL₁	传感器	高水位检测
	X3	SL₂	传感器	低水位检测
输出	Y0	YV₁	电磁阀	进水控制
	Y1	YV₂	电磁阀	排水控制
	Y2	KM₁	接触器	脱水电动机控制
	Y3	KM₂	接触器	洗涤电动机正转控制
	Y4	KM₃	接触器	洗涤电动机反转控制

2. 程序设计

【思路点拨】

工业洗衣机控制过程可分为 6 个状态步，即系统待机步、注水步、正转洗涤步、反转洗涤步、排水步和脱水步。本实例程序设计的难点是如何实现步进转移，因此需要使用计数器来记录步进转移的次数，再根据计数器触点的动作状态最终确定步进方向。

用步进指令编写的工业洗衣机控制程序如图 2-32 所示。

图 2-32　工业洗衣机控制程序

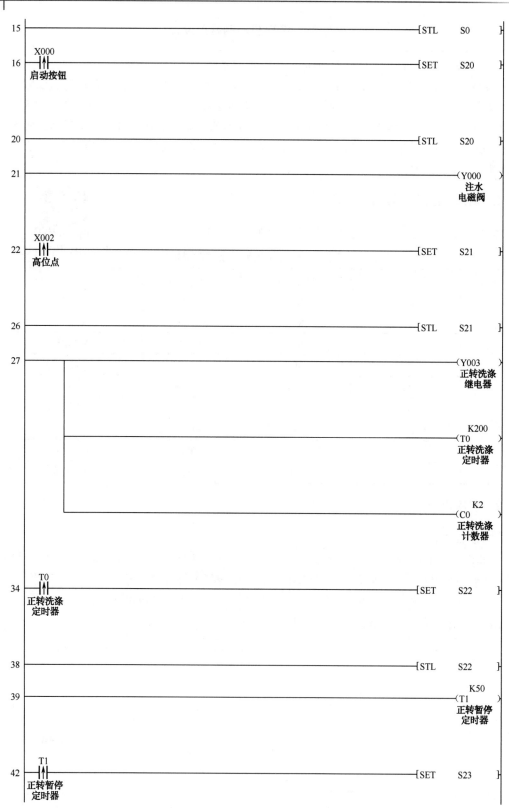

图 2-32 工业洗衣机控制程序（续）

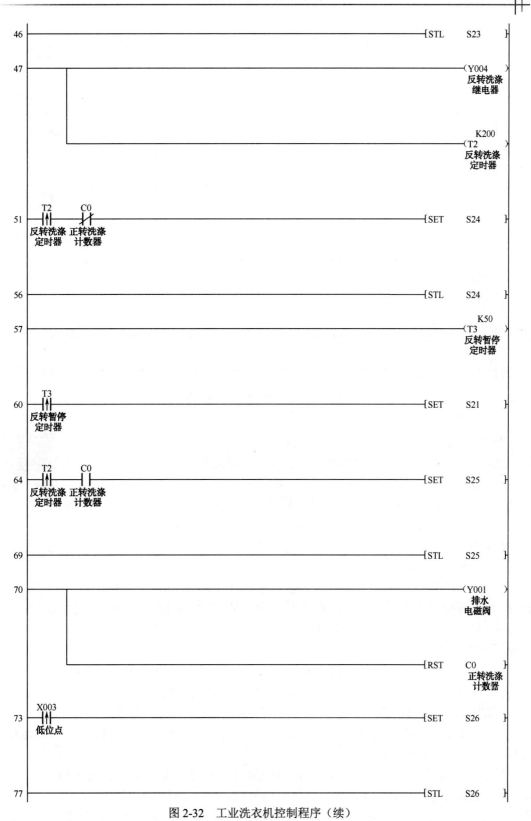

图 2-32 工业洗衣机控制程序（续）

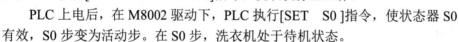

图 2-32　工业洗衣机控制程序（续）

程序说明：

当按下停止按钮 SB$_2$ 时，PLC 执行[ZRST　S0　S26]，状态器 S0～S26 复位；PLC 执行[MOV　K0　K2Y000]指令，洗衣机停止工作。

PLC 上电后，在 M8002 驱动下，PLC 执行[SET　S0]指令，使状态器 S0 有效，S0 步变为活动步。在 S0 步，洗衣机处于待机状态。

范例分析

当按下启动按钮 SB$_1$ 时，PLC 执行[SET　S20]指令，使状态器 S20 有效，S20 步变为活动步。在 S20 步，PLC 执行[OUT　Y000]指令，使 Y0 线圈得电，进水电磁阀打开，洗衣机进水。

当水位上升到高水位时，X2 的常开触点闭合，PLC 执行[SET　S21]指令，使状态器 S21 有效，S21 步变为活动步。在 S21 步，PLC 执行[OUT　Y003]指令，使 Y3 线圈得电，洗涤电动机正转运行；定时器 T0 对正转洗涤时间进行计时；计数器 C0 对洗涤电动机正转运行次数进行计数。

当定时器 T0 计时满 20s 时，PLC 执行[SET　S22]指令，使状态器 S22 有效，S22 步变为活动步。在 S22 步，定时器 T1 对洗涤电动机暂停时间进行计时。

当定时器 T1 计时满 5s 时；PLC 执行[SET　S23]指令，使状态器 S23 有效，S23 步变为活动步。在 S23 步，PLC 执行[OUT　Y004]指令，使 Y4 线圈得电，洗涤电动机反转运行，定时器 T2 对洗涤电动机反转运行时间进行计时。

当定时器 T2 计时满 20s 时，如果计数器 C0 计数不满 2 次，则 PLC 执行[SET　S24]指令，使状态器 S24 有效，S24 步变为活动步。在 S24 步，定时器 T3 对洗涤电动机暂停时间进行计时，当定时器 T3 计时满 5s 时；PLC 执行[SET　S21]指令，使状态器 S21 有效，S21

步变为活动步，洗衣机再次正转洗涤。

当定时器 T2 计时满 20s 时，如果计数器 C0 计数已满 2 次，则 PLC 执行[SET S25]指令，使状态器 S25 有效，S25 步变为活动步。在 S25 步，PLC 执行[OUT Y001]指令，使 Y1 线圈得电，排水阀打开，洗衣机排水；PLC 执行[RST C0]指令，计数器 C0 复位。

当水位下降到低水位时，PLC 执行[SET S26]指令，使状态器 S26 有效，S26 步变为活动步。在 S26 步，PLC 执行[OUT Y001]和[OUT Y002]指令，使 Y1 和 Y2 线圈得电，排水阀打开，脱水电动机运行；定时器 T4 对脱水电动机运行时间进行计时。

当定时器 T4 计时满 10s 时，PLC 执行[SET S0]指令，使状态器 S0 有效，S0 步变为活动步，洗衣机停止运行。

2.3.5 SFC 程序设计

实例 12 三条传送带顺序控制程序设计

> 任务描述：传送带组成示意图如图 2-33 所示，当按下启动按钮时，3 号传送带开始运行，延时 5s 后 2 号传送带自动运行，再延时 5s 后 1 号传送带自动运行。当按下停止按钮时，1 号传送带停止，延时 5s 后 2 号传送带自动停止，再延时 5s 后 3 号传送带自动停止。操作人员在顺序启动 3 条传送带的过程中，如果发现有异常情况，可以按下停止按钮，将已启动的传送带停止，停止的顺序为后启动的传送带先停止。

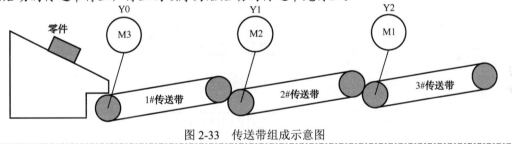

图 2-33 传送带组成示意图

1. 输入/输出元件及其控制功能

本实例用到的输入/输出元件及其控制功能如表 2-13 所示。

三条传送带顺序控制运行过程演示

表 2-13 实例 12 输入/输出元件及其控制功能

说 明	PLC 软元件	元件文字符号	元件名称	控制功能
输入	X0	SB₁	按钮	启动控制
	X1	SB₂	按钮	停止控制
输出	Y0	KM₁	接触器	1#传送带控制
	Y1	KM₂	接触器	2#传送带控制
	Y2	KM₃	接触器	3#传送带控制

2. 程序设计

根据传送带运行控制要求，可以采用单流程结构进行程序设计，其控制流程如图 2-34 所示。

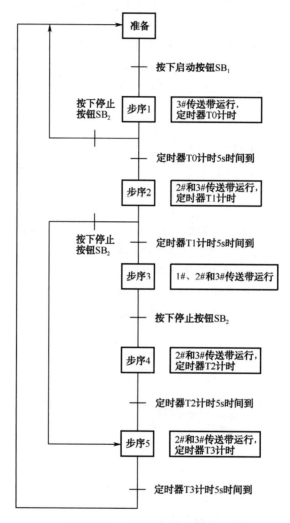

图 2-34　传送带控制流程图

程序说明：

传送带顺序控制功能图由梯形图块和状态转移图块（SFC 图块）组成，现分别加以分析。

（1）梯形图块。在功能图中，梯形图块如图 2-35 所示。

图 2-35　传送带顺序控制梯形图块

当 PLC 上电后，在 M8002 驱动下，PLC 执行[SET　S0]指令，使状态器 S0 有效，启动步进进程。在 S0 步，如果没有按下启动按钮 SB$_1$，则传送带处于待机状态。

（2）SFC 图块

在功能图中，SFC 图块如图 2-36 所示。

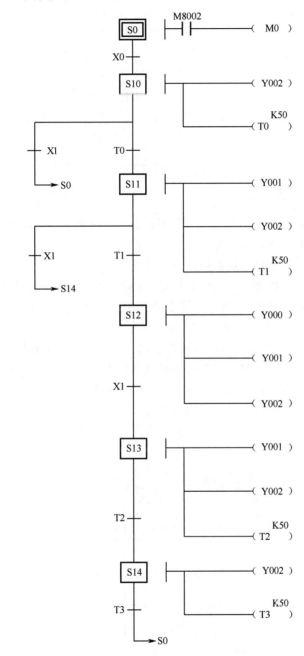

图 2-36　传送带顺序控制 SFC 图块

在 S0 状态步，按下启动按钮 SB$_1$，步进进程转入 S10 状态步。

在 S10 步，Y2 线圈得电，3#传送带运行。定时器 T0 对 3#传送带运行时间进行计时，当定时器 T0 计时满 5s 时，T0 的常开触点闭合，步进进程转入 S11 状态步。如果在定时器 T0

计时未满5s情况下按下停止按钮 SB$_2$，则步进进程转入 S0 步。

在 S11 步，Y1 线圈和 Y2 线圈得电，2#和3#传送带运行。定时器 T1 对两条传送带运行时间进行计时，当定时器 T1 计时满5s时，T1 的常开触点闭合，步进进程转入 S12 步。如果在定时器 T1 计时未满5s情况下按下停止按钮 SB$_2$，则步进进程转入 S14 步。

在 S12 步，Y0、Y1 和 Y2 线圈得电，3 条传送带都运行。按下启动按钮 SB$_2$，步进进程转入 S13 步。

在 S13 步，Y1 和 Y2 线圈得电，1#传送带停止。定时器 T2 对两条传送带运行时间进行计时，当定时器 T2 计时满5s时，T2 的常开触点闭合，步进进程转入 S14 步。

在 S14 步，Y2 线圈得电，2#传送带停止。定时器 T3 对 3#传送带运行时间进行计时，当定时器 T3 计时满5s时，T3 的常开触点闭合，步进进程转入 S0 步，3#传送带停止。

实例 13 混料罐液体搅拌控制程序设计

任务描述： 混料罐液体搅拌示意图如图 2-37 所示，液体搅拌控制要求如下：

（1）在初始状态时，所有阀门均处于关闭状态，搅拌电动机不工作。

（2）当按下启动按钮时，A 液体阀门自动打开。

（3）当液位达到中点位时，B 液体阀门自动打开。

（4）当液位达到高点位时，A、B 液体阀门自动关闭；搅拌电动机启动，低转速运行。

当搅拌电动机低转速运行5s后，搅拌电动机转为中段转速运行。

当搅拌电动机中转速运行5s后，搅拌电动机转为高转速运行。

当搅拌电动机高转速运行5s后，搅拌电动机停止运行，混合液体释放阀门自动打开。

（5）当液位下降到低点位时，混合液体释放阀门闭合。

（6）当上述工作过程执行两次循环以后，系统停止工作。

（7）当按下停止按钮时，系统恢复初始状态。

（8）当按下暂停按钮时，系统进入暂停状态；当再次按下暂停按钮时，系统按原状态继续执行。

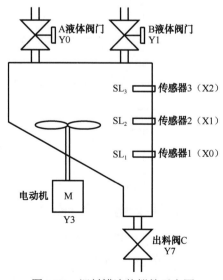

混料罐液体搅拌控制
程序运行过程演示

图 2-37 混料罐液体搅拌示意图

1. 输入/输出元件及其控制功能

本实例用到的输入/输出元件及其控制功能如表 2-14 所示。

表 2-14 实例 13 输入/输出元件及其控制功能

说 明	PLC 软元件	元件文字符号	元件名称	控制功能
输入	X0	SL_1	液位继电器	液位低点检测
	X1	SL_2	液位继电器	液位中点检测
	X2	SL_3	液位继电器	液位高点检测
	X3	SB_1	控制按钮	启动控制
	X4	SB_2	控制按钮	停止控制
	X5	SB_3	控制按钮	暂停控制
输出	Y0	HL_1	输出继电器	A 液体阀门
	Y1	HL_2	输出继电器	B 液体阀门
	Y3	HL_3	输出继电器	搅拌电动机
	Y4	HL_4	输出继电器	低速运行
	Y5	HL_5	输出继电器	中速运行
	Y6	HL_6	输出继电器	高速运行
	Y7	HL_7	输出继电器	混合液体释放阀门

2. 程序设计

根据混料罐液体搅拌控制要求，可以采用选择性分支结构进行程序设计，其控制流程如图 2-38 所示。

混料罐液体搅拌控制功能图程序由梯形图块和 SFC 图块组成，现分别加以分析。

（1）梯形图块 1。在功能图中，梯形图块 1 如图 2-39 所示。

当按下停止按钮 SB_2 时，PLC 执行[ZRST S0 S100]指令，用于停止步进进程；PLC 执行[MOV K0 K2Y000]指令，用于停止混料罐运行。在 M8002 的驱动下，PLC 执行[SET S0]指令，用于启动步进进程。

（2）梯形图块 2。在功能图中，梯形图块 2 如图 2-40 所示。

当按下暂停按钮 SB_3 时，PLC 执行[ALT M8034]指令，继电器 M8034 得电，PLC 停止对外输出。由于 M8034 的常开触点闭合，PLC 执行[CJ P0]指令，程序流程发生跳转，所以控制系统实现了暂停。

（3）SFC 图块。在功能图中，SFC 图块如图 2-41 所示。

在 S0 步，PLC 执行[RST C0]指令，将用于记录循环次数的计数器 C0 清零。当按下启动按钮 SB_1 时，步进进程转入 S10 步。

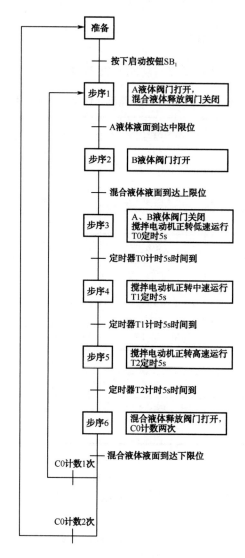

图 2-38　混料罐液体搅拌流程图

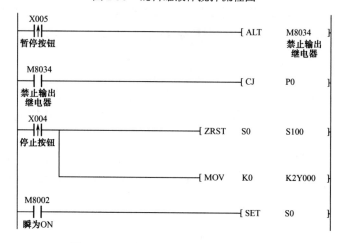

图 2-39　混料罐液体搅拌控制梯形图块 1

范例分析

图 2-40　混料罐液体搅拌控制梯形图块 2

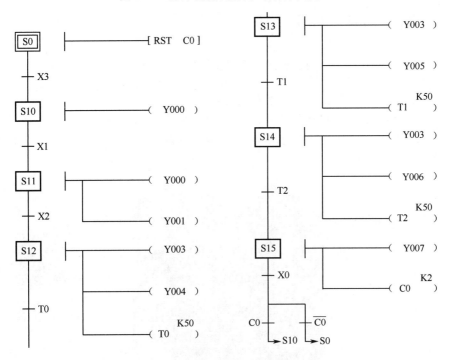

图 2-41　混料罐液体搅拌控制 SFC 图块

　　在 S10 步，Y0 线圈得电，A 液体阀门打开，A 液体被注入混料罐内。当罐内液位达到中点位时，液位检测传感器 SL_2 的常开触点闭合，步进进程转入 S11 步。

　　在 S11 步，Y0 和 Y1 线圈得电，A 液体和 B 液体阀门均打开，A 液体和 B 液体被注入混料罐内。当罐内液位达到高点位时，液位检测传感器 SL_3 的常开触点闭合，步进进程转入 S12 步。

　　在 S12 步，Y3 线圈得电，控制搅拌电动机正向旋转；Y4 线圈得电，控制搅拌电动机低转速运行。当搅拌电动机正向低转速运行 5s 时，定时器 T0 定时 5s 时间到，步进进程转入 S13 步。

　　在 S13 步，Y3 线圈得电，控制搅拌电动机正向旋转；Y5 线圈得电，控制搅拌电动机中转速运行。当搅拌电动机正向中转速运行 5s 时，定时器 T1 定时 5s 时间到，步进进程转入 S14 步。

　　在 S14 步，Y3 线圈得电，控制搅拌电动机正向旋转；Y6 线圈得电，控制搅拌电动机高转速运行。当搅拌电动机正向高转速运行 5s 时，定时器 T2 定时 5s 时间到，步进进程转入 S15 步。

在 S15 步，Y7 线圈得电，混合液体释放阀门打开，混合液体被排除混料罐。计数器 C0 对继电器 Y007 得电的次数进行计数。当罐内液位达到低点位时，液位检测传感器 SL₁ 的常开触点闭合，且在计数器 C0 的常闭触点未断开时，步进进程转入 S10 步，或在计数器 C0 的常开触点常闭时，步进进程转入 S0 步。

2.3.6　运算和显示程序设计

实例 14　转速测量程序设计

任务描述：电动机转速测量装置如图 2-42 所示，旋转编码器与电动机同轴连接，当码盘边沿上的孔眼靠近接近开关时，接近开关会产生一个脉冲输出。测速时，将编码器的输出与 PLC 的输入端子连接，通过对脉冲采样值进行计算处理，可得到电动机的转速。

电动机转速测量程序
运行过程演示

图 2-42　电动机转速测量装置

1. 输入/输出元件及其控制功能

本实例用到的输入/输出元件及其控制功能如表 2-15 所示。

表 2-15　实例 14 输入/输出元件及其控制功能

说　明	PLC 软元件	元件文字符号	元 件 名 称	控 制 功 能
输入	X0	SQ	计数端子	脉冲输入
	X1	SB₁	控制按钮	启动控制
	X2	SB₂	控制按钮	停止控制

2. 控制程序设计

【思路点拨】

设旋转编码器旋转 1 周输出的脉冲数为 360，即 $N=360$；计时周期为 100ms，即 $T=100\text{ms}$；在 1 个周期内，编码器输出的脉冲数为 D。

可知，电动机转速表达式为

$$n = \left(\frac{60 \times D}{n \times T} \times 10^3\right) \text{r/min}$$

$$= \left(\frac{60 \times D}{360 \times 100} \times 10^3\right) \text{r/min}$$

$$= \left(\frac{5 \times D}{3}\right) \text{r/min}$$

根据 n 的表达式，使用运算指令计算出 n 的数值，就可以得到电动机的转速。

电动机转速测量程序如图 2-43 所示。

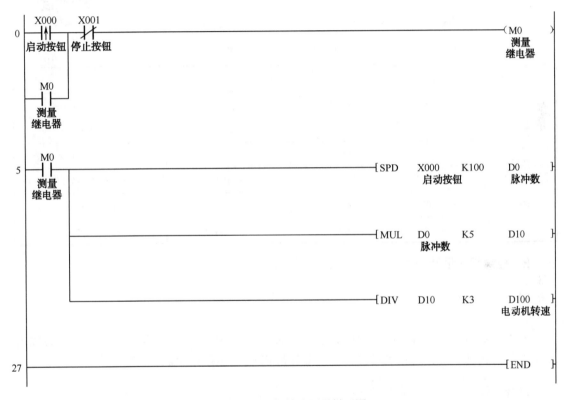

图 2-43　电动机转速测量梯形图

程序说明：

按下启动按钮 SB$_1$，中间继电器 M0 线圈得电并自锁保持。在 M0 得电期间，PLC 执行[SPD　X100　K100　D0]指令，测量在 100ms 设定时间内输入到 X0 口的脉冲数，并将测量结果存放在寄存器 D0 单元中；PLC 执行[MUL　D0　K5　D10]指令，将 D0 单元中的脉冲个数与 5 相乘，并将计算结果存放在寄存器 D10 单元中；PLC 执行[DIV　D10　K3　D100]指令，将 D10 单元中的数值除以 3，并将计算结果存放在寄存器 D100 单元中，D100 单元中的数值即为电动机的转速。

范例分析

实例 15　抢答器程序设计

> 任务描述：抢答器有 7 个选手抢答台和 1 个主持人工作台，在每个选手抢答台上设有 1 个抢答按钮，在主持人工作台上设有 1 个开始按钮和 1 个复位按钮。如果选手在主持人按下开始按钮后抢答，那么数码管显示最先抢答的台号，同时蜂鸣器产生声音提示。如果选手在主持人按下开始按钮前抢答，那么该抢答台对应的指示灯亮起，同时蜂鸣器也产生声音提示。当主持人按下复位按钮时，数码管和指示灯均熄灭，蜂鸣器熄鸣。

1. 输入/输出元件及其控制功能

本实例用到的输入/输出元件及其控制功能如表 2-16 所示。

抢答器程序运行过程演示

表 2-16　实例 15 输入/输出元件及其控制功能

说　明	PLC 软元件	元件文字符号	元件名称	控 制 功 能
输入	X1～X6	SB$_1$～SB$_6$	按钮	控制 1～6 号台抢答
	X10	SB$_7$	按钮	控制开始
	X11	SB$_8$	按钮	控制复位
输出	Y001～Y007	HL$_1$～HL$_7$	指示灯	1～6 号台提前抢答指示
	Y010～Y016		数码管	显示抢答台号
	Y020	HA	蜂鸣器	抢答声音提示

2. 控制程序设计

（1）程序分析

【思路点拨】

因为继电器的常开触点和常闭触点互为反逻辑关系，所以可以使用同一个继电器的常闭触点控制违规抢答过程，再使用同一个继电器的常开触点控制正常抢答过程。

抢答器程序设计如图 2-44 所示。

图 2-44　抢答器梯形图

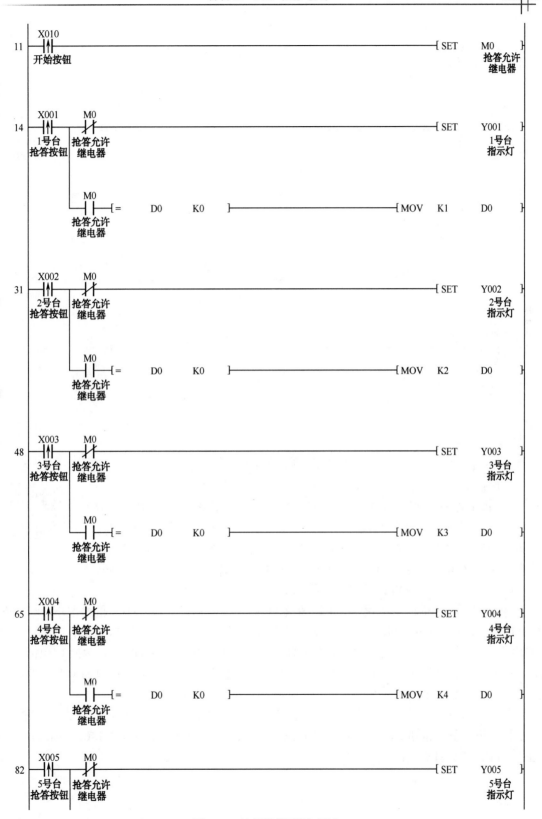

图 2-44 抢答器梯形图（续）

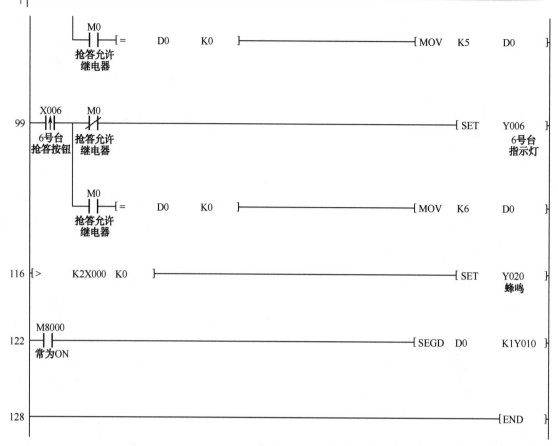

图2-44 抢答器梯形图（续）

程序说明：下面从三个方面对程序进行分析，具体如下。

① 提前抢答控制。以1号台为例，在主持人没有按下开始按钮X010
的情况下，继电器M0不得电。在M0不得电期间，如果1号台选手按下
了抢答按钮X001，则PLC执行[SET　Y001]指令，使Y001线圈得电，1 范例分析
号台指示灯被点亮。由于（K2X000）>K0，PLC执行[SET　Y020]指令，
使Y020线圈得电，蜂鸣器发出声音提示。

② 正常抢答控制。以1号台为例，在主持人已经按下开始按钮X010的情况下，继电器
M0得电。在M0得电期间，如果1号台选手按下了抢答按钮X001，则PLC执行[MOV　K1
D0]指令，使（D0）=K1。在M8000继电器驱动下，PLC执行[SEGD　D0　K2Y010]指令，
数码管显示的台号为1。在1号台选手抢答成功后，因为（D0）>K0，所以即使有其他选手
进行抢答，PLC也不再执行传送指令，数码管显示的台号仍然为1。

③ 主持人控制。当主持人按下开始按钮X010时，继电器M0线圈得电，允许选手抢答。
当主持人按下复位按钮X011时，PLC执行[ZRST　Y000　Y020]、[RST　M0]和[RST　D0]
指令，PLC停止对外输出，M0和D0复位。

2.3.7   随机控制程序设计

实例 16   杂物梯程序设计

杂物梯是一种运送小型货物的电梯，它的特点是轿厢空间小、不能载人，只能通过手动方式打开或关闭电梯门。杂物梯主要应用在图书馆、办公楼及饭店等场合，用于运送图书、文件及食品等杂物。下面以四个层站杂物梯为例，编写杂物梯运行控制程序，具体要求如下。

（1）电梯初始位置在一楼层站，指层器显示数字"1"。

（2）当按下呼梯按钮时，目标层站指示灯和占用指示灯点亮，电梯向目标层站方向运行。当杂物梯到达目标层站后，电梯停止运行，目标层站指示灯熄灭。

（3）在电梯停留的最初 10s 内，占用指示灯仍然点亮。在此期间，如果按下当前层站所对应的呼梯按钮，那么占用指示灯将再延长亮 10s。

（4）在占用指示灯点亮时，任何选层操作均无效。

（5）当按下急停按钮时，电梯立即停止运行。

（6）电梯具有指层显示和运行指示功能。

杂物梯程序运行过程演示

1. 输入/输出元件及其控制功能

本实例用到的输入/输出元件及其控制功能如表 2-17 所示。

表 2-17   实例 16 输入/输出元件及其控制功能

说　　明	PLC 软元件	元件文字符号	元 件 名 称	控 制 功 能
输入	X001	SQ_1	行程开关	一楼层站检测
	X002	SQ_2	行程开关	二楼层站检测
	X003	SQ_3	行程开关	三楼层站检测
	X004	SQ_4	行程开关	四楼层站检测
	X005	SB_1	按　钮	一楼层站 1 号呼梯
	X006	SB_2	按　钮	一楼层站 2 号呼梯
	X007	SB_3	按　钮	一楼层站 3 号呼梯
	X010	SB_4	按　钮	一楼层站 4 号呼梯
	X011	SB_5	按　钮	二楼层站 1 号呼梯
	X012	SB_6	按　钮	二楼层站 2 号呼梯
	X013	SB_7	按　钮	二楼层站 3 号呼梯
	X014	SB_8	按　钮	二楼层站 4 号呼梯
	X015	SB_9	按　钮	三楼层站 1 号呼梯
	X016	SB_{10}	按　钮	三楼层站 2 号呼梯
	X017	SB_{11}	按　钮	三楼层站 3 号呼梯

说 明	PLC 软元件	元件文字符号	元件名称	控 制 功 能
输入	X020	SB$_{12}$	按 钮	三楼层站 4 号呼梯
	X021	SB$_{13}$	按 钮	四楼层站 1 号呼梯
	X022	SB$_{14}$	按 钮	四楼层站 2 号呼梯
	X023	SB$_{15}$	按 钮	四楼层站 3 号呼梯
	X024	SB$_{16}$	按 钮	四楼层站 4 号呼梯
输出	Y001	HL$_1$	指示灯	电梯去一楼层站指示
	Y002	HL$_2$	指示灯	电梯去二楼层站指示
	Y003	HL$_3$	指示灯	电梯去三楼层站指示
	Y004	HL$_4$	指示灯	电梯去四楼层站指示
	Y010	KM$_1$	接触器	电梯上行控制
	Y011	KM$_2$	接触器	电梯下行控制
	Y012	HL$_5$	指示灯	占用指示
	Y020～Y027		数码管	当前层站显示

2. 控制程序设计

杂物梯运行控制梯形图参考范例如图 2-45 所示。

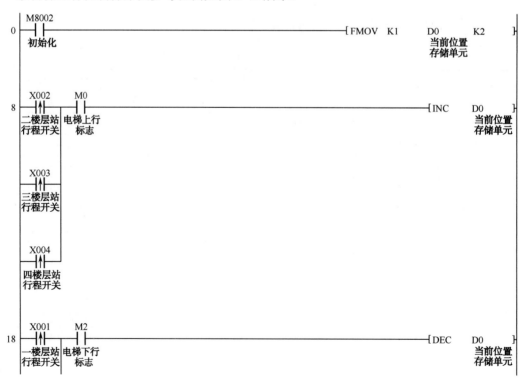

图 2-45　杂物梯运行控制梯形图参考范例

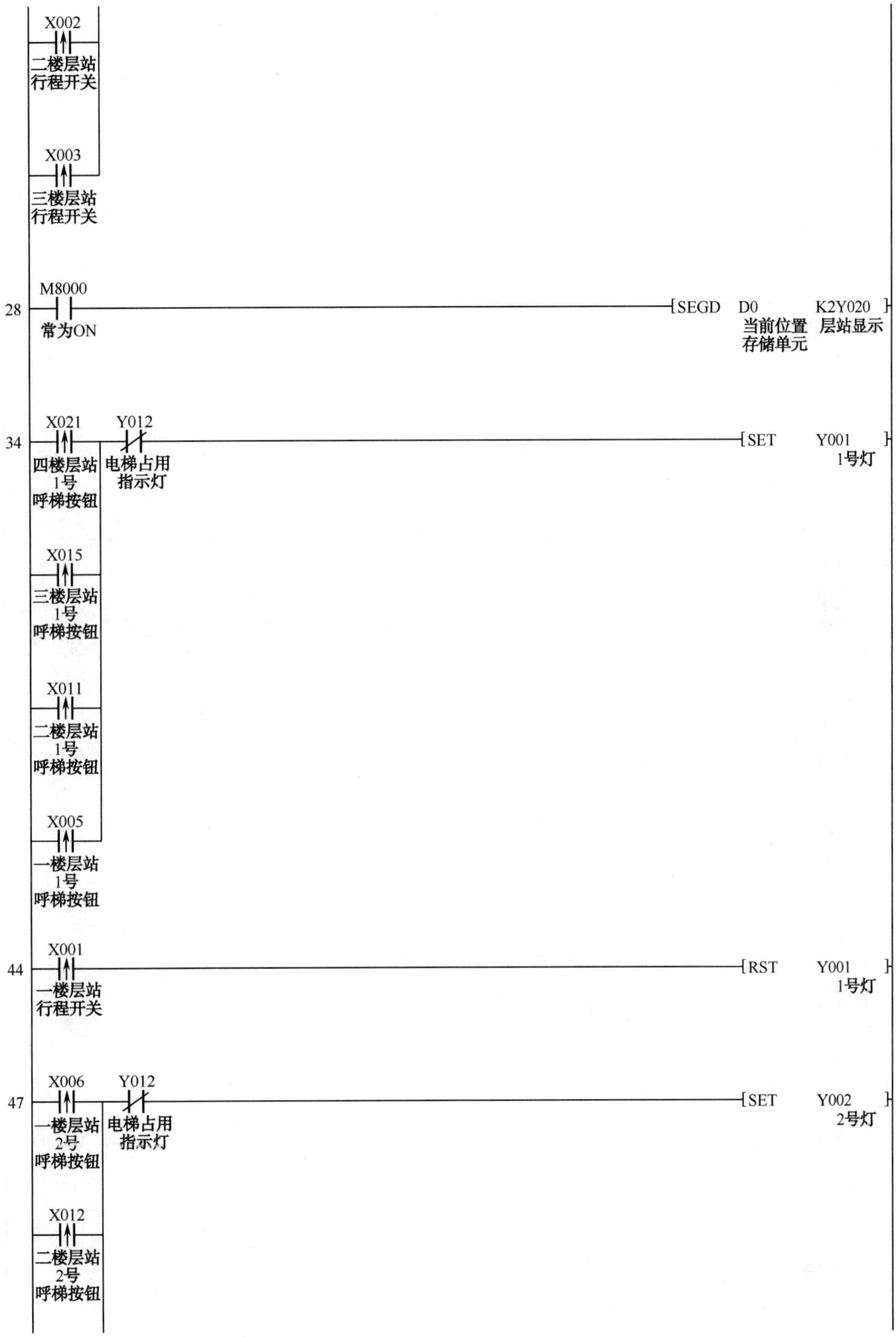

```
        X002
        ┤↑├
       二楼层站
       行程开关


        X003
        ┤↑├
       三楼层站
       行程开关


        M8000                                                    ┤SEGD    D0        K2Y020 ├
28      ┤ ├                                                              当前位置   层站显示
       常为ON                                                            存储单元


        X021     Y012                                            ┤SET              Y001   ├
34      ┤↑├     ┤/├                                                               1号灯
       四楼层站  电梯占用
        1号     指示灯
       呼梯按钮


        X015
        ┤↑├
       三楼层站
        1号
       呼梯按钮


        X011
        ┤↑├
       二楼层站
        1号
       呼梯按钮


        X005
        ┤↑├
       一楼层站
        1号
       呼梯按钮


        X001                                                    ┤RST              Y001   ├
44      ┤↑├                                                                      1号灯
       一楼层站
       行程开关


        X006     Y012                                            ┤SET              Y002   ├
47      ┤↑├     ┤/├                                                               2号灯
       一楼层站  电梯占用
        2号     指示灯
       呼梯按钮


        X012
        ┤↑├
       二楼层站
        2号
       呼梯按钮
```

图 2-45 杂物梯运行控制梯形图参考范例（续）

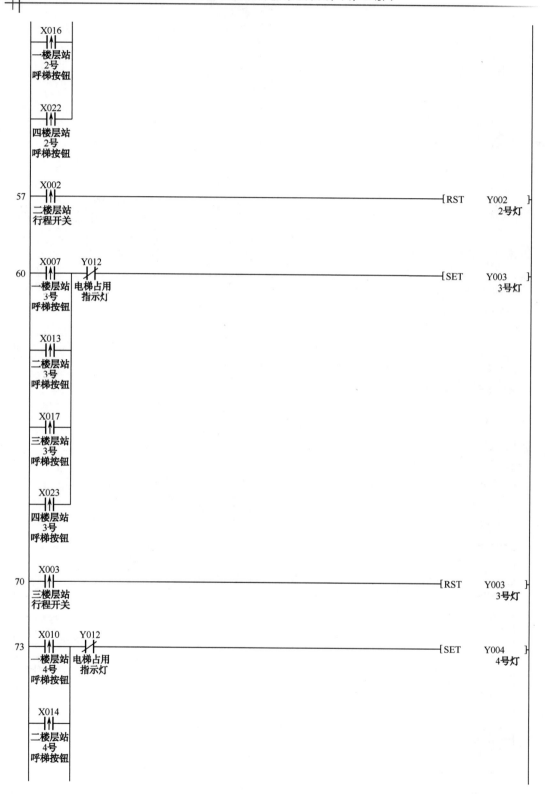

图 2-45　杂物梯运行控制梯形图参考范例（续）

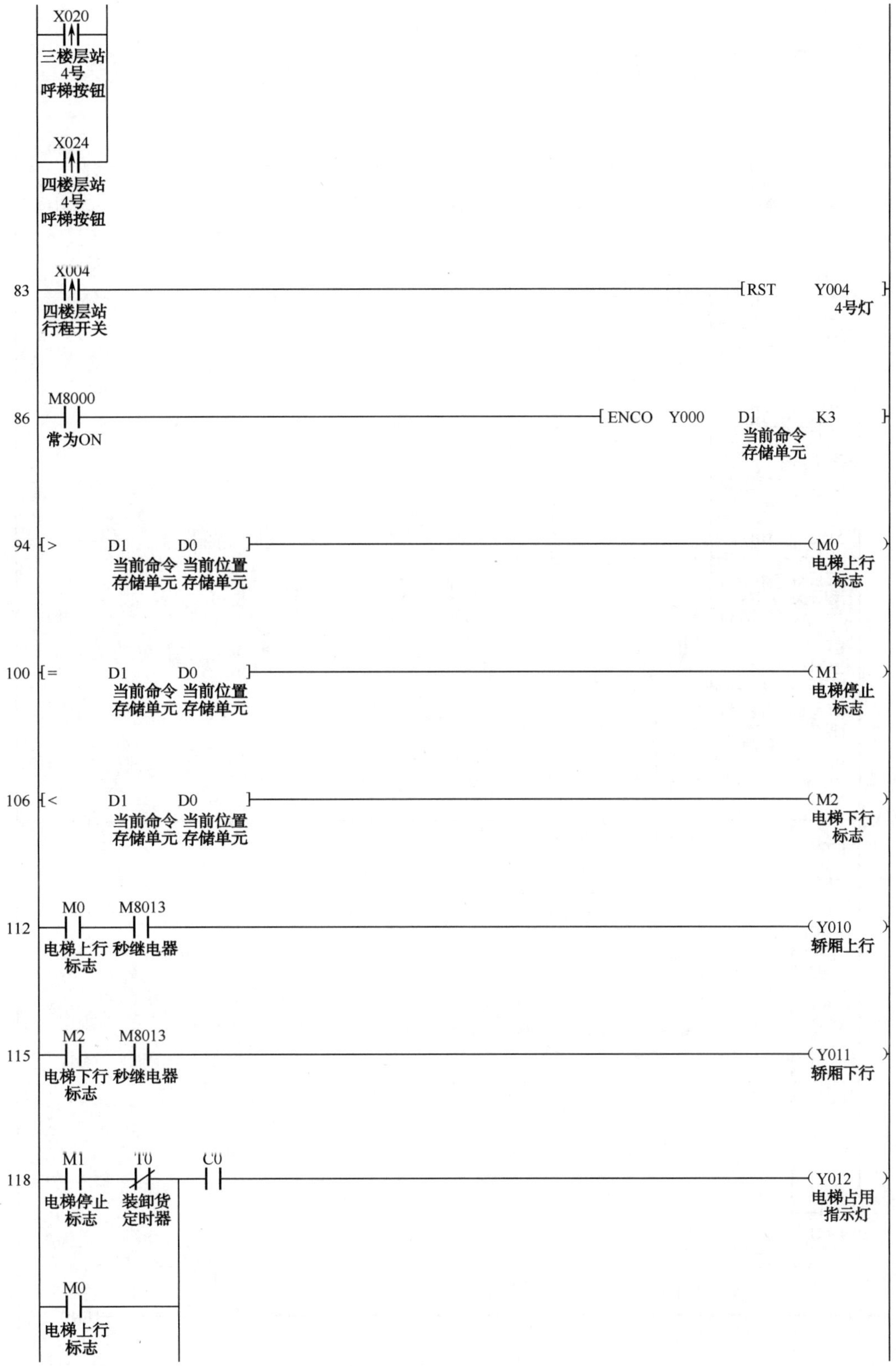

```
        X020
      ┤↑├
     三楼层站
      4号
     呼梯按钮

        X024
      ┤↑├
     四楼层站
      4号
     呼梯按钮

        X004
 83   ┤↑├                                              [RST    Y004 ]
     四楼层站                                                   4号灯
     行程开关

        M8000
 86   ┤├                                   [ENCO   Y000    D1      K3 ]
     常为ON                                                 当前命令
                                                         存储单元

 94  ┤>    D1      D0    ├                                   (M0 )
          当前命令  当前位置                                      电梯上行
          存储单元  存储单元                                        标志

100  ┤=    D1      D0    ├                                   (M1 )
          当前命令  当前位置                                      电梯停止
          存储单元  存储单元                                        标志

106  ┤<    D1      D0    ├                                   (M2 )
          当前命令  当前位置                                      电梯下行
          存储单元  存储单元                                        标志

        M0      M8013
112   ┤├      ┤├                                            (Y010 )
     电梯上行  秒继电器                                          轿厢上行
      标志

        M2      M8013
115   ┤├      ┤├                                            (Y011 )
     电梯下行  秒继电器                                          轿厢下行
      标志

        M1      T0      C0
118   ┤├      ┤├      ┤├                                    (Y012 )
     电梯停止  装卸货  定时器                                     电梯占用
      标志    定时器                                            指示灯

        M0
      ┤├
     电梯上行
      标志
```

图 2-45 杂物梯运行控制梯形图参考范例(续)

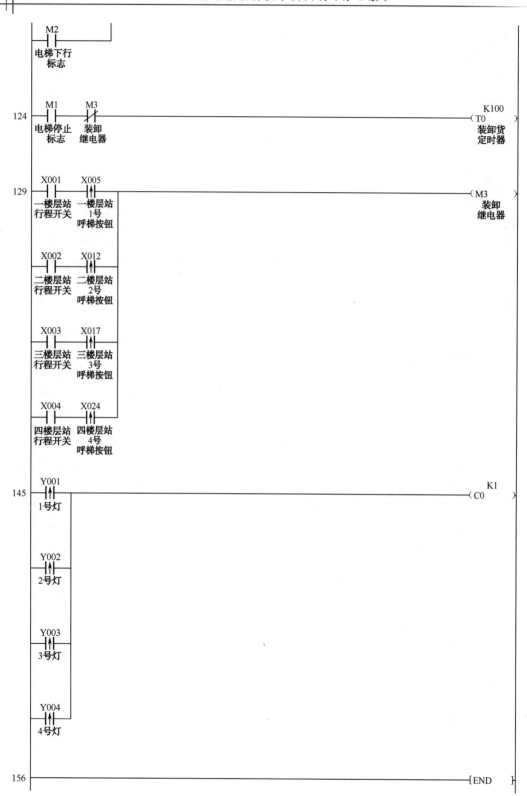

图2-45 杂物梯运行控制梯形图参考范例（续）

程序说明：下面进行程序分析，具体如下。

① 电梯初始化。在 M8002 触点的驱动下，PLC 执行[FMOV K1 D0 K2]指令，使（D0）=（D1）=K1，将一楼层站设置为基站。

范例分析

② 层站检测。在轿厢上行期间，M0 为 ON 状态，行程开关每受压一次，PLC 就执行一次 [INC D0]指令，使 D0 中的数据加 1。例如，如果轿厢初始位置在一楼层站，当行程开关 SQ_2 受压时，X002 常开触点闭合，PLC 执行[INC D0]指令，使（D0）=K2，说明轿厢在二楼层站。

在轿厢下行期间，M2 为 ON 状态，行程开关每受压一次，PLC 就执行一次 [DEC D0]指令，使 D0 中的数据减 1。例如，如果轿厢初始位置在四楼层站，当行程开关 SQ_3 受压时，X003 常开触点闭合，PLC 执行[DEC D0]指令，使（D0）=K3，说明轿厢在三楼层站。

③ 指层显示。在 M8000 继电器驱动下，PLC 执行[SEGD D0 K2Y020]指令，通过#2 输出单元显示轿厢的当前位置。

④ 呼梯信号处理。以呼叫电梯去四楼层站为例，在电梯没被占用且轿厢不在四楼层站的情况下，按下呼梯按钮 SB_{16}，PLC 执行[SET Y004]指令，Y4 线圈得电，4 号指示灯点亮。PLC 执行[ENCO Y000 D1 K3]指令，使（D1）=K4，四楼层站被指定为目标层站。当轿厢到达四楼层站时，四楼层站的行程开关 X4 受压，X004 常开触点闭合，PLC 执行[RST Y004]指令，使 Y4 线圈失电，4 号指示灯熄灭。

⑤ 运行控制。PLC 执行[> D1 D0]指令，如果（D1）>（D0），则 M0 为 ON 状态，Y010 线圈得电，电梯运行方向为上行。PLC 执行[= D1 D0]指令，如果（D1）=（D0），则 M1 为 ON 状态，Y010 和 Y011 线圈不得电，轿厢停止运行。PLC 执行[< D1 D0]指令，如果（D1）<（D0），则 M2 为 ON 状态，Y011 线圈得电，电梯运行方向为下行。

⑥ 占用灯控制。以呼叫电梯去四楼层站为例，分析占用灯的控制过程。在 PLC 上电之初，由于没有任何呼梯信号出现，所以计数器 C0 的触点保持常开状态，Y012 线圈不得电，占用灯没有被点亮。当按下呼梯按钮 SB_{16} 时，M0 为 ON 状态，Y4 线圈得电，使计数器 C0 动作，C0 的触点由常开变为常闭，Y012 线圈得电，占用灯被点亮。当轿厢到达四楼层站时，M1 为 ON 状态，使 Y012 线圈继续得电，占用灯长亮。在 M1 为 ON 状态期间，定时器 T0 开始进行装卸计时。如果在 10s 内没能完成装卸工作，可再次按下呼梯按钮 SB_{16}，PLC 执行[OUT M3]指令，M3 的触点由常闭变为常开，使定时器 T0 被强制复位，定时器 T0 又重新开始进行装卸计时。当定时器 T0 计时满 10s 时，Y012 线圈失电，占用灯熄灭。在电梯占用期间，由于 Y012 的常闭触点变为常开，所以任何呼梯操作均无效。

实例 17　客梯程序设计

客梯是专门为运送乘客而设计的，它的特点是具有十分可靠的安全装置，轿厢宽敞，自动化程度高。客梯主要应用在宾馆、饭店、办公楼及大型商场等客流量大的场合。下面以四个层站乘用梯运行为例，编写客梯控制程序，具体要求如下。

（1）电梯初始位置在一楼层站，指层器显示数字"1"，此时允许乘客进行选层操作。

（2）当电梯在一楼处于待机状态时，如果有呼梯信号，则轿厢上行。

（3）轿厢在上行过程中，如果有呼梯信号且该信号对应的层站高于当前层站，则电梯继续上行，直至运行到"最高"目标层站。

（4）轿厢在下行过程中，如果有呼梯信号且该信号对应的层站低于当前层站，则电梯继续下行，直至运行到一楼层站。

（5）在运行过程中，电梯只能响应同方向的呼梯信号，不能响应反方向的呼梯信号，对于反方向的信号只作"记忆"。

（6）当电梯运行到"最高"目标层站后，若没有高于当前层站的呼梯信号出现，则轿厢自动下降，直至运行到一楼层站。

（7）电梯具有手动和自动开关电梯门功能。当电梯平层后，电梯门能自动或手动开启；在开门等待5s后，电梯门能自动关闭。在关门过程中，按下与运行方向相同的外呼梯按钮，电梯门能再次自动开启。

客梯程序运行过程演示

（8）首次按下呼梯按钮，该呼梯信号被登记；再次按下呼梯按钮，该呼梯信号被解除。

（9）电梯具有指层显示和运行指示功能。

1. 输入/输出元件及其控制功能

本实例用到的输入/输出元件及其控制功能如表2-18所示。

表2-18　实例17 输入/输出元件及其控制功能

说　　明	PLC 软元件	元件文字符号	元 件 名 称	控 制 功 能
输入	X001	SQ_1	行程开关	一楼层站检测
	X002	SQ_2	行程开关	二楼层站检测
	X003	SQ_3	行程开关	三楼层站检测
	X004	SQ_4	行程开关	四楼层站检测
	X005	SB_1	按　钮	一楼层站上行呼梯
	X006	SB_2	按　钮	二楼层站下行呼梯
	X007	SB_3	按　钮	二楼层站上行呼梯
	X010	SB_4	按　钮	三楼层站下行呼梯
	X011	SB_5	按　钮	三楼层站上行呼梯
	X012	SB_6	按　钮	四楼层站下行呼梯
	X013	SB_7	按　钮	一楼层站内呼梯
	X014	SB_8	按　钮	二楼层站内呼梯
	X015	SB_9	按　钮	三楼层站内呼梯
	X016	SB_{10}	按　钮	四楼层站内呼梯
	X017	SB_{11}	按　钮	手动开门控制
	X020	SB_{12}	按　钮	手动关门控制

续表

说　明	PLC 软元件	元件文字符号	元件名称	控制功能
输入	X021	SQ₅	行程开关	开门到位检测
	X022	SQ₆	行程开关	关门到位检测
输出	Y000	KM₁	接触器	电梯上行控制
	Y001	KM₂	接触器	电梯下行控制
	Y002	KM₃	接触器	电梯开门控制
	Y003	KM₄	接触器	电梯关门控制
	Y004	HL₁	指示灯	电梯开门指示
	Y005	HL₂	指示灯	电梯关门指示
	Y006	HL₃	指示灯	一楼层站上行呼梯登记指示
	Y007	HL₄	指示灯	二楼层站下行呼梯登记指示
	Y010	HL₅	指示灯	二楼层站上行呼梯登记指示
	Y011	HL₆	指示灯	三楼层站下行呼梯登记指示
	Y012	HL₇	指示灯	三楼层站上行呼梯登记指示
	Y013	HL₈	指示灯	四楼层站下行呼梯登记指示
	Y014	HL₉	指示灯	轿厢内去一楼层站呼梯登记指示
	Y015	HL₁₀	指示灯	轿厢内去二楼层站呼梯登记指示
	Y016	HL₁₁	指示灯	轿厢内去三楼层站呼梯登记指示
	Y017	HL₁₂	指示灯	轿厢内去四楼层站呼梯登记指示
	Y020	HL₁₂	指示灯	电梯上行指示
	Y021	HL₁₃	指示灯	电梯下行指示
	Y030～Y037		指层显示器	当前层站显示

2．控制程序设计

客梯运行控制梯形图参考范例如图 2-46 所示。

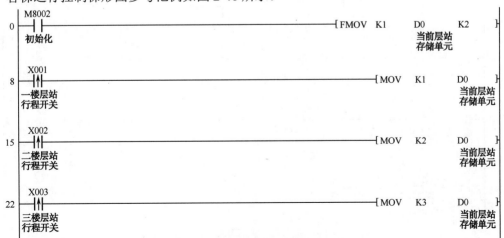

图 2-46 客梯运行控制梯形图参考范例

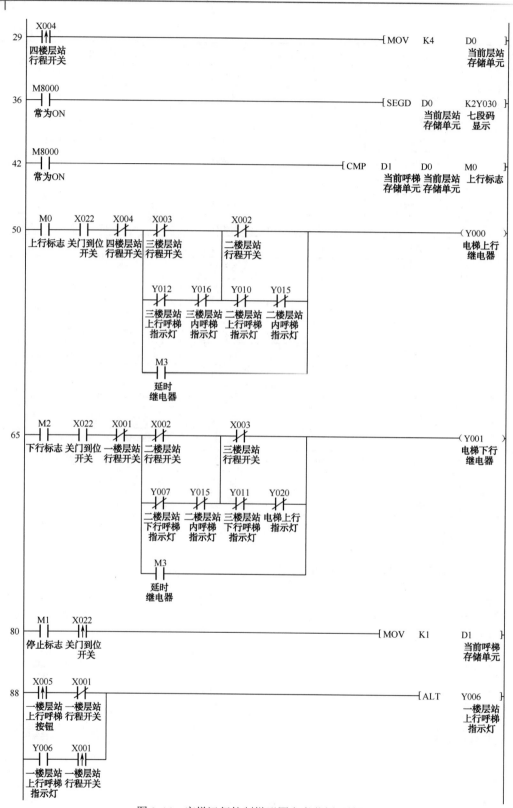

图 2-46 客梯运行控制梯形图参考范例（续）

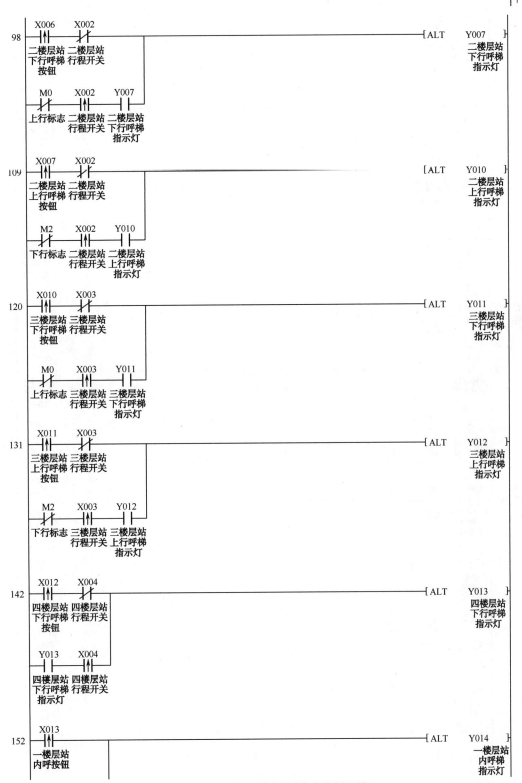

图 2-46　客梯运行控制梯形图参考范例（续）

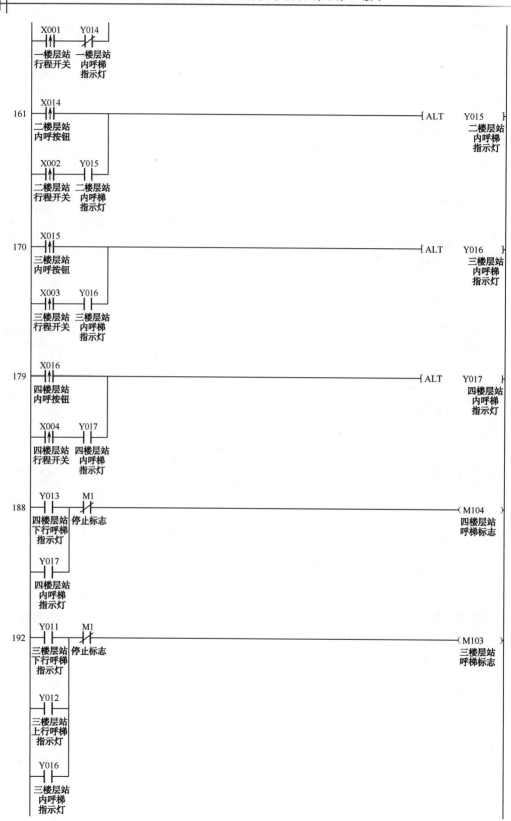

图 2-46 客梯运行控制梯形图参考范例（续）

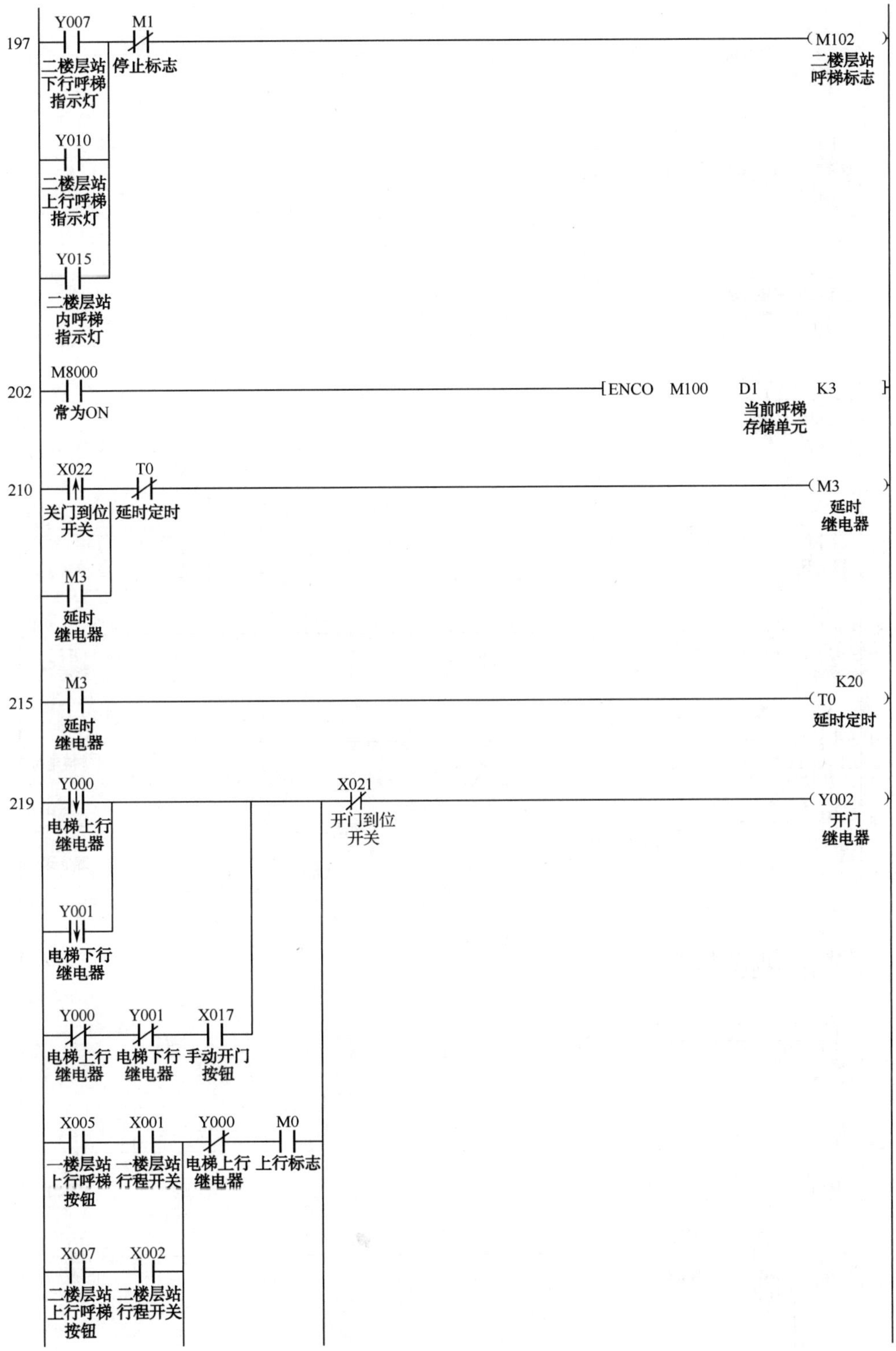

197　Y007　M1 ┤├──┤/├───(M102)
　　　二楼层站　停止标志　　　　　　　　　　　　　　　　　　　　　　　　　二楼层站
　　　下行呼梯　　　　　　　　　　　　　　　　　　　　　　　　　　　　　呼梯标志
　　　指示灯

　　　Y010
　　　┤├
　　　二楼层站
　　　上行呼梯
　　　指示灯

　　　Y015
　　　┤├
　　　二楼层站
　　　内呼梯
　　　指示灯

202　M8000 ┤├───[ENCO　M100　D1　K3]
　　　常为ON　　　　　　　　　　　　　　　　　　　　　　　　　　当前呼梯
　　　　　　　　　　　　　　　　　　　　　　　　　　　　　　　存储单元

210　X022　T0 ┤├──┤/├───(M3)
　　　关门到位　延时定时　　　　　　　　　　　　　　　　　　　　　　　　延时
　　　开关　　　　　　　　　　　　　　　　　　　　　　　　　　　　　继电器

　　　M3
　　　┤├
　　　延时
　　　继电器

215　M3 ┤├──K20
　　　延时　　　　　　　　　　　　　　　　　　　　　　　　　　　　　　(T0)
　　　继电器　　　　　　　　　　　　　　　　　　　　　　　　　　　　延时定时

219　Y000　　　　　　　　　　　　　X021 ┤↑├──────────────────┤/├───────────(Y002)
　　　电梯上行　　　　　　　　　开门到位　　　　　　　　　　　　　　　开门
　　　继电器　　　　　　　　　　开关　　　　　　　　　　　　　　　　继电器

　　　Y001
　　　┤↑├
　　　电梯下行
　　　继电器

　　　Y000　Y001　X017
　　　┤↓├──┤↓├──┤├
　　　电梯上行　电梯下行　手动开门
　　　继电器　继电器　按钮

　　　X005　X001　Y000　M0
　　　┤├──┤├──┤├──┤├
　　　一楼层站　一楼层站　电梯上行　上行标志
　　　上行呼梯　行程开关　继电器
　　　按钮

　　　X007　X002
　　　┤├──┤├
　　　二楼层站　二楼层站
　　　上行呼梯　行程开关
　　　按钮

图 2-46　客梯运行控制梯形图参考范例（续）

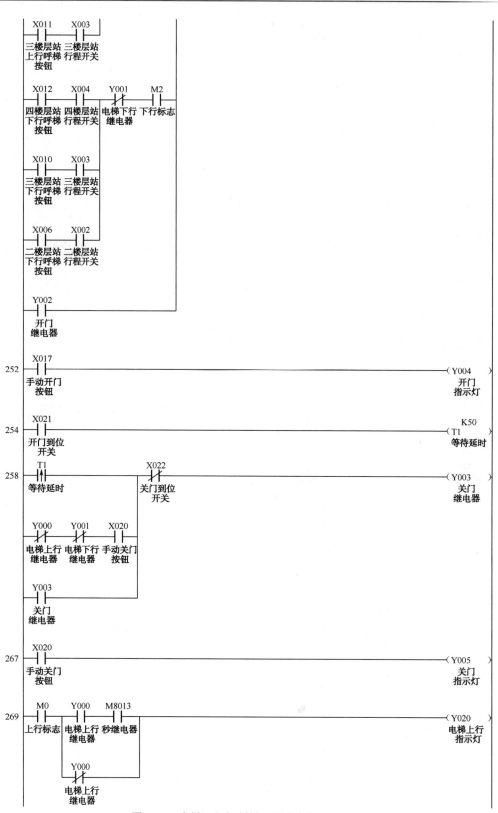

图 2-46 客梯运行控制梯形图参考范例（续）

图 2-46 客梯运行控制梯形图参考范例（续）

程序说明：下面对程序进行分析，具体如下。

① 电梯初始化。在 M8002 继电器的驱动下，PLC 执行[FMOV K1 D0 K2]指令，使（D0）＝（D1）=K1，将一楼层站设置为基站。

范例分析

② 层站检测。当轿厢在一楼层站时，行程开关 SQ₁ 受压，X001 常开触点闭合，PLC 执行[MOV K1 D0]指令，将立即数 K1 存入 D0 存储单元。当轿厢在二楼层站时，行程开关 SQ₂ 受压，X002 常开触点闭合，PLC 执行[MOV K2 D0]指令，将立即数 K2 存入 D0 存储单元。当轿厢在三楼层站时，行程开关 SQ₃ 受压，X003 常开触点闭合，PLC 执行[MOV K3 D0]指令，将立即数 K3 存入 D0 存储单元。当轿厢在四楼层站时，行程开关 SQ₄ 受压，X004 常开触点闭合，PLC 执行[MOV K4 D0]指令，将立即数 K4 存入 D0 存储单元。

③ 指层显示。在 M8000 继电器的驱动下，PLC 执行[SEGD D0 K2Y030]指令，通过#3 输出单元显示轿厢的当前位置。

④ 电梯运行方向的判断。在 M8000 继电器的驱动下，PLC 执行[CMP D1 D0 M0]指令，如果（D1）>（D0），则继电器 M0 得电，电梯运行方向为上行；如果（D1）<（D0），则继电器 M2 得电，电梯运行方向为下行；如果（D1）=（D0），则继电器 M1 得电，电梯停止运行。

⑤ 上行控制。设轿厢当前在一楼层站，如果按下四楼层站的内呼梯按钮 SB₁₀，则继电器 M0 得电，确定轿厢将要上行；同时 Y017 线圈得电，四楼层站的内呼梯指示灯被点亮。当关门到位后，Y0 线圈得电，轿厢开始上行。

在轿厢上行过程中，按下二楼层站的外上呼梯按钮 SB₃，Y010 线圈得电，二楼层站的外上呼梯指示灯被点亮，Y010 的常闭触点变为常开；按下三楼层站内呼梯按钮 SB₉，Y016 线圈得电，三楼层站内呼梯指示灯被点亮，Y016 的常闭触点变为常开。

当轿厢到达二楼层站时，行程开关 SQ₂ 受压，Y0 线圈失电，轿厢上行暂停；Y010 线圈失电，二楼层站的外上呼梯指示灯熄灭。当电梯门在二楼层站关闭后，由于 M3 的常开触点短暂闭合，使 Y0 线圈得电，轿厢又开始上行。一旦轿厢上行，行程开关 SQ₂ 不再受压，即使 M3 的常开触点恢复常开状态，电梯也能继续上行。

当轿厢到达三楼层站时，行程开关 SQ₃ 受压，Y0 线圈失电，轿厢上行暂停；Y016 线圈失电，三楼层站内呼梯指示灯熄灭。当电梯门在三楼层站关闭后，Y0 线圈再次得电，电梯再次上行。

当轿厢到达四楼层站时，行程开关 SQ₄ 受压，M0、Y0 和 Y017 线圈均失电，轿厢停止

运行，四楼层站的内呼梯指示灯熄灭。

当电梯在四楼层站关门到位后，由于（D1）=（D0）=K4，所以继电器 M1 得电，PLC 执行[MOV　K1　D1]指令，使（D1）=K1。

⑥ 下行控制。设轿厢当前在四楼层站，由于（D1）<（D0），所以继电器 M2 得电，Y1 线圈得电，轿厢开始下行。

在轿厢下行过程中，按下二楼层站的外上呼梯按钮 SB$_3$，Y010 线圈得电，二楼层站的外上呼梯指示灯被点亮，Y010 的常闭触点变为常开；按下三楼层站内呼梯按钮 SB$_9$，Y016 线圈得电，三楼层站内呼梯指示灯被点亮，Y016 的常闭触点变为常开。

当轿厢到达三楼层站时，行程开关 SQ$_3$ 受压，Y001 线圈失电，轿厢下行暂停；Y016 线圈失电，三楼层站内呼梯指示灯熄灭。当电梯门在三楼层站关闭后，由于 M3 的常开触点短暂闭合，使 Y001 线圈得电，轿厢又开始下行。

当轿厢到达二楼层站时，由于该站没有相应的呼梯信号，尽管行程开关 SQ$_2$ 受压，Y001 线圈仍然得电，轿厢继续下行。

当轿厢到达一楼层站时，行程开关 SQ$_1$ 受压，M2 和 Y001 线圈均失电，轿厢停止运行。

当电梯在一楼层站关门到位后，由于（D1）=K2、（D0）=K1，所以继电器 M0 得电，Y000 线圈得电，轿厢转为上行。

⑦ 呼梯信号登记。以二楼层站的外上呼梯信号登记为例，在轿厢不在二楼层站的情况下，按下二楼层站的外上呼梯按钮 SB$_3$，PLC 执行[ALT　Y010]指令，使 Y010 线圈得电，二楼层站上行呼梯指示灯被点亮，该呼梯信号被登记。

⑧ 呼梯信号解除。以二楼层站的外上呼梯信号解除为例，通常有 3 种情况可以解除呼梯信号登记。第 1 种情况：在轿厢上行期间，二楼层站是必经且需要停留的目标层站；第 2 种情况：在轿厢上行期间，二楼层站是当前"最高"目标层站；第 3 种情况：想放弃本次呼梯，再次按下按钮 SB$_3$。对于前两种情况，当轿厢到达二楼层站时，行程开关 SQ$_2$ 受压，PLC 再次执行[ALT　Y010]指令，使 Y010 线圈失电，指示灯熄灭，该呼梯信号被解除。对于第 3 种情况，PLC 的执行过程与前两种情况一样，呼梯信号也能被解除。

⑨ "最高"目标层站的确定。设轿厢当前在一楼层站，此时能够召唤轿厢去四楼层站的呼梯信号有四楼层站内呼梯信号和四楼层站下行呼梯信号，因此可以使用继电器 M104 对以上两个呼梯信号进行归纳综合；能够召唤轿厢去三楼层站的呼梯信号有三楼层站内呼梯信号、三楼层站上行呼梯信号和三楼层站下行呼梯信号，因此可以使用继电器 M103 对以上三个呼梯信号进行归纳综合；能够召唤轿厢去二楼层站的呼梯信号有二楼层站内呼梯信号、二楼层站上行呼梯信号和二楼层站下行呼梯信号，因此可以使用继电器 M102 对以上三个呼梯信号进行归纳综合。在 M8000 继电器的驱动下，PLC 执行[ENCO　X000　D1　K3]指令，保证 D1 中的数据在轿厢上行期间始终对应"最高"目标层站。

⑩ 电梯再启动控制。轿厢在二楼层站经停期间，当电梯门关门到位时，继电器 M3 线圈得电，M3 的常开触点变为常闭，Y0 线圈得电，电梯又开始上行，定时器 T0 开始计时。当定时器 T0 计时满 2s 时，继电器 M3 线圈失电，定时器 T0 复位，电梯继续上行。

⑪ 电梯开门控制。以轿厢在二楼层站开门为例，通常有 3 种情况要求电梯在二楼层站开门。第 1 种情况：当需要轿厢在二楼层站停留时，一旦轿厢运行到二楼层站，电梯自动开门；第 2 种情况：轿厢在二楼层站停留期间，在轿厢内按下开门按钮 SB$_{11}$，电梯手动开门；第 3

种情况：轿厢在二楼层站停留期间，在厅门外按下二楼层站的外上呼梯按钮 SB$_3$，电梯手动开门。对于第 1 种情况，一旦轿厢运行到二楼层站，Y0 或 Y1 的触点就会产生一个下降沿信号，使 Y2 线圈得电，实现自动开门。对于第 2 种情况，由于 Y0 和 Y1 线圈已经失电，所以按下开门按钮 SB$_{11}$，Y2 线圈得电，实现手动开门。对于第 3 种情况，由于 M0 已经为 ON，Y0 线圈已经失电，所以按下二楼层站的外上呼梯按钮 SB$_3$，Y2 线圈得电，实现手动开门。

⑫ 电梯关门控制。以轿厢在二楼层站关门为例，通常有两种情况要求电梯在二楼层站关门。第一种情况：当轿厢在二楼层站停留时间满 5s 时，电梯自动关门；第 2 种情况：在轿厢内按下关门按钮 SB$_{12}$，电梯手动关门。对于第 1 种情况，当定时器 T1 计时满 5s 时，T1 的常开触点变为常闭，使 Y3 线圈得电，实现自动关门。对于第 2 种情况，由于 Y0 和 Y1 线圈已经失电，所以按下关门按钮 SB$_{12}$，Y003 线圈得电，实现手动关门。

⑬ 电梯运行指示。在 M0 为 ON 期间，如果 Y000 线圈得电，在继电器 M8013 作用下，Y020 线圈周期性得电和失电，电梯上行指示灯闪亮；如果 Y000 线圈失电，Y020 线圈长时间得电，电梯上行指示灯长亮。在 M2 为 ON 期间，如果 Y001 线圈得电，在继电器 M8013 作用下，Y021 线圈间歇得电，电梯下行指示灯间歇闪亮；如果 Y001 线圈失电，Y021 线圈长时间得电，电梯下行指示灯长亮。

项目3 认识变频器

 知识要求

（1）了解变频器的应用、分类及发展方向。

（2）了解变频器的基本结构。

（3）熟悉变频器的额定值和频率指标。

（4）熟悉变频器的操作面板和外部接口。

 技能要求

（1）认识变频器，能准确读取变频器铭牌信息。

（2）能对变频器整机进行拆装操作。

（3）能对变频器主电路进行接线操作。

 项目分析

电力拖动技术诞生于19世纪，距今已有100多年的历史，现已成为动力机械的主要拖动方式。长期以来，在不变速拖动系统中或对调速性能要求不高的场合，主要采用交流电动机；而在对调速性能要求较高的系统中，则主要采用直流电动机。从20世纪80年代末开始，随着电力电子器件及信息技术的发展，电气传动领域发生了重要的技术变革——对原来只用于恒速传动的交流电动机实现速度控制，而引发这一变革的导火索就是变频器。

变频器是一种电能控制装置，它利用电力半导体器件的通断作用，将固定频率的交流电变换成可变变频的交流电。变频器的内部结构相当复杂，除了由电力电子器件组成的主电路，还有以微处理器为核心的运算、检测、保护、隔离等控制电路。对大多数用户来说，变频器是作为整体设备使用的，因此，我们可以不必探究其内部电路的深奥原理，但对变频器有个基本了解还是必要的。

通过本项目的学习，使学生了解变频器及变频技术，认识变频器，能准确读取变频器的铭牌信息，能对变频器整机进行拆装操作，能对变频器主电路进行接线操作。

3.1 变频技术概述

变压器的出现使改变电压变得很容易，从而造就了一个庞大的电力行业。长期以来，交流电的频率一直是固定的，由于变频技术的出现，使频率变为可以充分利用的资源。变频技术是一种能够将电信号的频率按照具体电路的要求进行变换的应用型技术。变频器作为变频技术的典型应用，引领了电气传动技术向交流无级化方向发展，使交流传动成为电气传动的主流。

1. 变频技术应用

目前，从一般要求的小范围调速传动到高精度、快响应、大范围的调速传动，从单机传动到多机协调运转，几乎都需要采用变频技术。

（1）变频器与节能。

变频器可以实现精确调速，使电动机在最节能的转速下运行。如图3-1所示，对于水泵、风机及空气压缩机这类负载，由于负载的大小处于经常变化的状态，如果采用变频调速，可以大大提高轻载运行时的工作效率，节能潜力巨大。

（a）水泵的变频控制　　　　　　　　　　（b）空气压缩机的变频控制

图3-1 变频器用于节能

（2）变频器用于生产工艺控制。

由于调速范围广、动态响应好，所以变频器在提升工艺质量和生产效率等方面作用显著，如图3-2所示。

（3）变频用于家用电器。

带有变频控制的家用电器，如冰箱、洗衣机、家用空调等，如图3-3所示，它们在节电、降噪、控制精度等方面有很大的优势，成为变频器的另一个主要应用方向。

（4）变频器用于企业技术升级改造。

变频调速技术具有独有的显著优势，如节能、方便、易于构成自控系统等，将其应用于企业技术升级改造，是企业提高效益的一条有效途径，也是国民经济可持续发展的需要。如图3-4所示为变频器用于造纸机械技术升级改造的实例。

（a）变频器用于纺织工艺控制

（b）变频器用于包装工艺控制

（c）变频器用于机床主轴变速控制

（d）变频器用于运送机械变速控制

图 3-2　变频器用于生产工艺控制

（a）变频冰箱

（b）变频洗衣机

（c）变频空调机

图 3-3　带有变频控制的家用电器

图 3-4　变频器用于造纸机械技术升级改造

2. 变频器的发展过程

变频技术的兴起与电力电子器件制造技术、变流技术、控制理论、微型计算机及大规模集成电路的飞速发展密切相关。

（1）电力电子器件是变频技术发展的基础。

变频器的主电路采用电力电子器件作为开关器件，时至今日，电力电子器件已经历了四代发展，而每一次器件的更新换代都促使变频技术进一步向前发展。

（2）计算机技术是变频技术发展的支柱。

变频器内部的核心控制由 CPU 完成，最初采用 8 位处理器，现在发展为 16 位处理器甚至 32 位处理器，使变频器从单一的变频调速功能发展为包含算术、逻辑运算及智能控制的综合功能。

（3）自动控制理论引领变频技术的发展方向

自 20 世纪 70 年代开始，先后出现了恒压频比、矢量和直接转矩等控制模式。目前，针对变频器的模糊控制和自适应控制模式也已开始应用，这必将使变频器的性能越来越好。

3. 变频器发展方向

随着新型电力电子器件和高性能微处理器的应用及控制理论的发展，变频器必将朝着智能化和网络化、专门化和一体化、大型化和轻量化及环保无公害方向发展。

3.2　变频器的结构

1. 外形结构

三菱 FR-A700 系列变频器采用半封闭式结构，从外观上看，它主要由操作面板、护盖、器身和底座组成，如图 3-5 所示，其拆分结构如图 3-6 所示。

三菱 FR-A700 系列
变频器的结构

图 3-5　三菱 FR-A700 系列变频器的结构

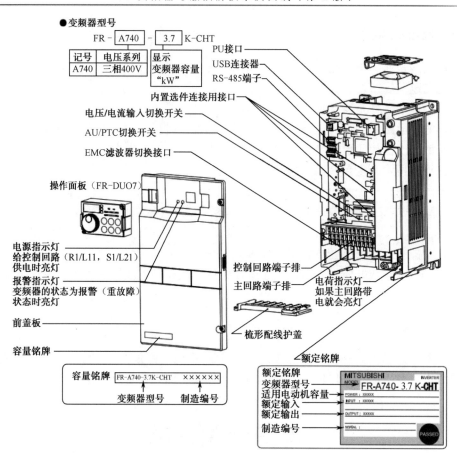

图 3-6　三菱 FR-A740 变频器的拆分结构

2. 外部接口结构

三菱 FR-A740 系列变频器的外部接口结构如图 3-7 所示。

（1）主电路端子。

三菱 FR-A740 系列变频器主电路接线端子的排列如图 3-8 所示，其中 R/L1、S/L2、T/L3 是与电源连接的输入端子，U、V、W 是与负载连接的输出端子。

 工程经验

（1）输入端子和输出端子绝对不允许接错。万一将电源进线误接到 U、V、W 端，则必然引起变频器内部两相间的短路而损坏变频器。

（2）接电源时应注意交流电源的电压等级，不要将三相变频器的输入端子连接至单相电源，输出端子不允许接电力电容器。

（3）变频器最好通过一个交流接触器接至交流电源，以防发生故障时扩大事故或损坏变频器。不要用主电源开关直接启动和停止变频器，应使用控制电路端子 STF、STR 或控制面板上的 FWD、REV、STOP 键来启动和停止变频器。

（4）当运行命令和电动机的旋转方向不一致时，可在 U、V、W 三相中任意更改两相接线，或将控制电路端子 STF 和 STR 交换一下。

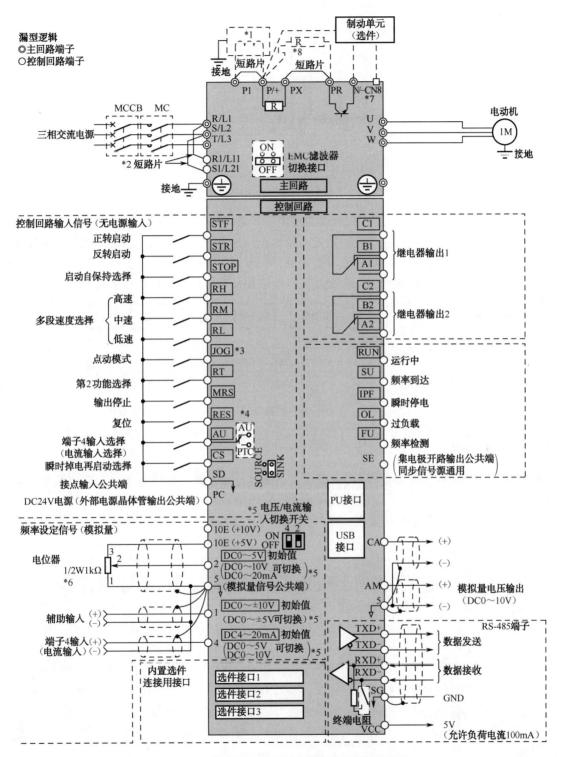

图 3-7　三菱 FR-A740 系列变频器的外部接口结构

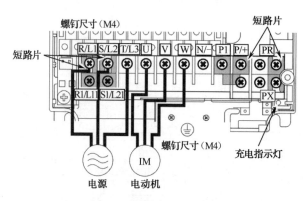

图 3-8　三菱 FR-A740 系列变频器主电路接线端子的排列

为防止触电和减小电磁噪声，变频器的接地端子必须单独可靠接地，接地电阻要小于 1Ω，而且接地线应尽量用粗线，接线应尽量短，接地点应尽量靠近变频器。当变频器和其他设备或有多台变频器一起接地时，每台设备都必须分别和地线相接，如图 3-9（a）和（b）所示，不允许将一台设备的接地端和另一台设备的接地端相接后再接地，如图 3-9（c）所示。

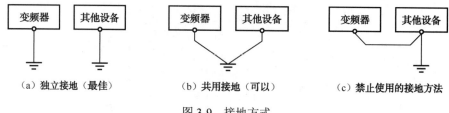

图 3-9　接地方式

工程经验

　　夏天有很多变频器遭遇雷击，损坏严重，主板大多也坏掉，这种现象大多是由于变频器没接地或接地不良而造成的。检查地线接地是否良好很简单，将一个 100W/220V 的灯泡接到相线与地线上试一下，根据其亮度就可判定。

案例剖析

　　问题描述：广东东莞某胶带厂用户反映使用一台 TD1000-4T0015G 变频器，在使用一段时间后，运行时突然"炸机"；协调深圳一代理商做联保处理，更换备机一台，在运行了 10h 后变频器又"炸机"。

　　问题处理：

　　（1）现场检查发现变频器外部输入交流接触器有一相螺钉松动，拆下后发现螺钉已烧糊，与之连接的变频器输入电源线接头已烧断，且所有电源线无接线"鼻子"（压接端子）；测量发现变频器内部模块整流桥部分参与工作的两相二极管上下桥臂均开路。

　　（2）更换变频器外部输入电源线及接触器螺钉，重新紧固输入进线端的所有接点，换变频器备机一台后恢复正常。

　　案例分析：

　　（1）由于接触器螺钉松动导致变频器只有两相输入，即变频器的三相整流桥仅有两相工作，在正常负载情况下，参与工作的四个整流二极管上的电流比正常时的电流大 70%多，整流桥因过流导致几小时后 PN 结温度过高而损坏。

（2）建议用户使用时注意接线规范并对变频器进行定期维护，代理商在现场处理问题时也应仔细检查相关电路、找出故障原因。

（2）控制电路端子。

三菱 FR-A740 变频器的控制电路端子如图 3-10 所示。变频器的控制电路端子分为三部分：输入信号端子、输出信号端子和通信端子。表 3-1～表 3-3 为三菱 FR-A740 系列变频器控制电路输入信号端子、输出信号端子和通信端子的功能说明。

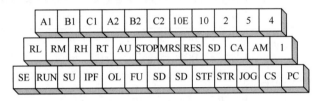

图 3-10 控制电路端子示意图

表 3-1 控制电路输入信号端子功能说明

端子记号	端子名称	功 能 说 明	
STF	正转启动	STF=ON 时，正转；STF=OFF 时，停止	STF=STR=ON 时，停止
STR	反转启动	STR=ON 时，反转；STR=OFF 时，停止	
STOP	启动自保持选择	STOP=ON，选择启动信号自保持	
RH、RM、RL	多段速度选择	用 RH、RM 和 RL 信号的组合选择多段速度	
JOG	点动模式选择	JOG=ON 时，选择点动运行（初期设定） 用启动信号（STF、STR）可以点动运行	
	脉冲列输入	JOG 端子也可作为脉冲列输入端子使用	
RT	第二功能选择	RT=ON 时，第二功能被选择	
MRS	输出停止	MRS=ON（20ms 以上）时，变频器输出停止。用电磁制动停止电动机时，用于断开变频器的输出	
RES	复位	用于解除保护回路动作的保持状态，使端子 RES=ON（0.1s 以上），然后断开	
AU	端子 4 输入选择	只有 AU=ON 时，端子 4 才能用。 AU=ON 时，端子 2 的功能将无效	
	PTC 输入	AU 端子也可作为 PTC 输入端子使用（保护电动机的温度）。用作 PTC 输入端子时，要把 AU/PTC 切换开关切换到 PTC 侧	
CS	瞬停再启动选择	CS=ON 时，瞬时停电再恢复时变频器可自启动。采用这种运行方式必须设定有关参数，因为出厂设定为不能再启动	
SD	公共端（漏型）	接点输入端子（漏型逻辑）和端子 FM 的公共端子	
	公共端（源型）	在源型逻辑时连接可编程控制器等的晶体管输出时，将晶体管输出用的外部电源公共端连接到该端子上，可防止因漏电而造成的误动作	
	DC 24V 公共端	DC 24V/0.1A 电源（端子 PC）的公共输出端子，端子 5 和端子 SE 绝缘	
PC	外部晶体管公共端（漏型）	在漏型逻辑时连接可编程控制器等的晶体管输出时，将晶体管输出用的外部电源公共端连接到该端子上，可防止因漏电而造成的误动作	

续表

端子记号	端子名称	功能说明
PC	接点输入公共端（源型）	接点输入端子（源型逻辑）的公共端
	DC 24V 电源	可以作为 DC 24V/0.1A 电源使用
10E	频率设定用电源	按出厂状态连接频率设定电位器时，与端子 10 连接。当连接到 10E 时，改变端子 2 的输入规格
10		
2	频率设定（电压）	输入为 DC0～5V，当输入 5V 时为最大输出频率，输出频率与输入成正比
4	频率设定（电流）	输入为 DC4～20mA，当输入 20mA 时为最大输出频率，输出频率与输入成正比。只有 AU 信号置 ON 时，此输入信号才会有效（端子 2 的输入将无效）
1	辅助频率设定	输入为 DC0～±5V，端子 2 或 4 的频率设定信号与这个信号相加，用参数单元进行输入 DC0～±5V 或 DC0～±10V（出厂设定）的切换
5	频率设定公共端	频率设定信号（端子 2、1 或 4）和模拟输出端子 CA、AM 的公共端子，不要接地

表 3-2　控制电路输出信号端子功能说明

端子记号	端子名称	功能说明	
A1、B1、C1	继电器输出 1（异常输出）	指示变频器因保护功能动作时输出停止的转换接点。故障时，B1-C1 间不导通（A1-C1 间导通）；正常时，B-C 间导通（A1-C1 间不导通）	
A2、B2、C2	继电器输出 2	同上	
RUN	变频器正在运行	变频器输出频率在启动频率（初始值为 0.5Hz）以上时为低电平，正在停止或正在直流制动时为高电平	
SU	频率到达	输出频率达到设定频率的 ±10%（出厂值）时为低电平，正在加/减速或停止时为高电平	报警代码（4 位）输出
OL	过负载警报	当失速保护功能动作时为低电平，当失速保护解除时为高电平	
IPF	瞬时停电	瞬时停电，当电压不足保护功能动作时为低电平	
FU	频率检测	输出频率在任意设定的检测频率以上时为低电平，未达到时为高电平	
SE	公共端	端子 RUN、SU、OL、IPF、FU 的公共端子	
CA	模拟电流输出	可以从多种监视项目中选一种作为输出。输出信号与监视项目的大小成正比	输出项目：输出频率（出厂值设定）
AM	模拟电压输出		

表 3-3　控制电路通信端子功能说明

端子记号	端子名称	功能说明
PU 接口	PU 接口	通过 PU 接口进行 RS-485 通信（仅一对一连接） 遵守标准：EIA-485（RS-485） 通信方式：多站点通信 通信速率：4800～38400bps 最长距离：500m

端 子 记 号		端 子 名 称	功 能 说 明
RS-485 端子	TXD+	变频器传输端子	通过 RS-485 端子进行 RS-485 通信
	TXD−		遵守标准：EIA-485（RS-485）
	RXD+	变频器接收端子	通信方式：多站点通信
	RXD−		通信速率：300～38400bps
	SG	接地	最长距离：500m
		USB 接口	与个人计算机通过 USB 连接后，可以实现 FR-Configurator 的操作 接口：支持 USB1.1 传输速度：12Mbps 连接器：USB B 连接器（B 插口）

① 频率输入端子。

10、2、5：这三个端子接电位器，用来进行频率的外部设定。电位器的规格为 1/2W、1kΩ。10 为+10V 电源端，2 为中间滑动端，5 为电压设定和电流设定的公共端（模拟量信号公共端）。

2：电压信号输入端，电压输入信号为 0～5V，用来进行频率的外部设定。

4：电流信号输入端，电流输入信号为 4～20mA，用来进行频率的外部设定。

② 控制信号输入端子。

SD：控制信号输入的公共端，它是所有开关量输入信号的电压参考点。

STF、STR：正、反转控制信号输入端，用来输入正、反转操作命令。当 STF-COM 闭合时，为正转命令；当 STR-COM 闭合时，为反转命令。如果 STF-COM 和 STR-COM 同时闭合，则变频器停止输出。

STOP：自保持控制信号输入端。当 STOP-SD 闭合时，选择启动信号自保持。

MRS：输出停止控制信号输入端。当电动机过载或制动电阻过热时，该端子有外部报警信号输入，使 MRS 端输入信号为 ON，变频器停止工作。

RES：复位控制信号输入端，用来解除保护回路动作的保持状态。当 RES-SD 闭合并持续 0.1s 以上时断开，变频器复位。

RH、RM、RL：多段转速选择端，这三个端子的公共端均是 SD。例如，当 RH-SD 闭合时，RH 为有效，断开时为无效。这些端子有多种形式的有效组合，可实现多段转速控制功能。

JOG：点动/脉冲列控制信号输入端，用来选择点动运行。当 JOG-SD 闭合时，用启动信号（STF 或 STR）可以点动运行。

CS：瞬停再启动控制信号输入端，用来使变频器瞬停后能够重新再次启动。如果将 CS-SD 闭合，当瞬时停电再恢复时，变频器便可自行启动。

RT：第二功能选择控制信号输入端，用来选择变频器的第二功能。当 RT-SD 闭合时，第二功能被选择。

PC：24V 电源端，可以作为 DC24V、0.1A 的电源使用。

③ 控制信号输出端子。

A1、B1、C1：继电器输出 1 端子。当变频器保护功能动作时，继电器输出 1 触点动作，发出报警信号。当变频器正常工作时，触点信号如图 3-11（a）所示；当变频器发生故障报警时，触点信号如图 3-11（b）所示。触点容量为 AC230V/0.3A、DC30V/0.3A。

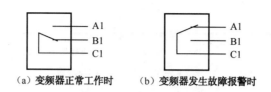

（a）变频器正常工作时　　（b）变频器发生故障报警时

图 3-11　报警继电器内部结构

A2、B2、C2：继电器输出 2 端子，其功能同继电器输出 1。

RUN：变频器正在运行信号输出端子。当变频器正在运行时，RUN 端子输出为低电平；当变频器正在停止或制动时，RUN 端子输出为高电平。

SU：频率到达信号输出端子。当输出频率到达设定频率的±10%时，SU 端子输出为低电平；当变频器正在加/减速或停止运行时，SU 端子输出为高电平。

OL：过载报警信号输出端子。当失速保护功能动作时，OL 端子输出为低电平；当失速保护解除时，SU 端子输出为高电平。

IPF：瞬时停电信号输出端子。当变频器发生瞬时停电或电压不足时，IPF 端子输出为低电平。

FU：频率检测信号输出端子。当变频器输出频率在任意设定的检测频率以上时，FU 端子输出为低电平；当变频器输出频率在任意设定的检测频率以下时，FU 端子输出为高电平。

SE：集电极开路输出公共端子。该端子是 RUN、SU、OL、IPF、FU 的公共端。

CA/AM：模拟电流/模拟电压信号输出端子。可以从多种监视项目中选一种作为输出，变频器出厂时，选定的输出项目是频率，在 CA/AM 端子上所输出的模拟信号与监视项目的大小成比例，从而直接反映输出项目的参数。

工程经验

　　在维修或更换变频器时，为了提高工作效率、减少人为停机时间，可以保持控制电路连线不动，将原变频器控制电路的端子板拆下，直接替换到新变频器上。

（3）通信接口。

使用 PU 接口或 RS-485 端子可以实现变频器与计算机的通信，如图 3-12 所示。用户可以用程序对变频器进行操作，监视、读出和写入参数等。

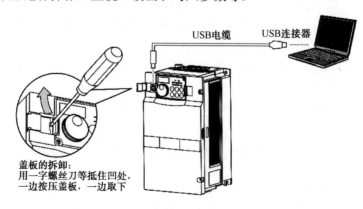

图 3-12　变频器与计算机的通信

3. 变频器的操作面板

三菱 FR-A740 变频器的操作面板如图 3-13 所示，主要由显示部分和键盘组成，其操作说明如图 3-14 所示。

变频器的操作面板

（a）正面　　　　　　　　　　　　　　　　　（b）反面

图 3-13　三菱 FR-A740 系列变频器的操作面板

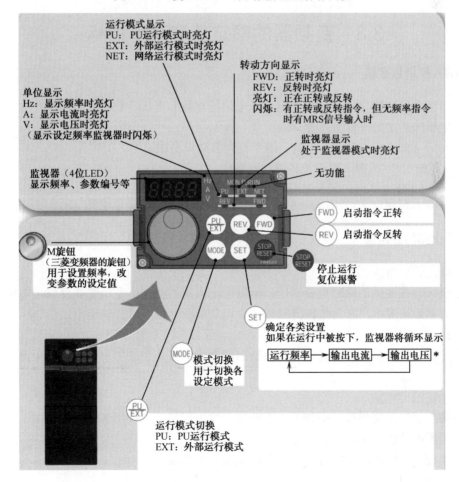

图 3-14　三菱 FR-A740 系列变频器的操作说明

 小知识

三菱 FR-A740 系列变频器的操作面板是可拆卸的，当使用电缆将其与变频器相连后，可以将它安装在电气柜的表面，使现场操作更加方便，如图 3-15 所示。

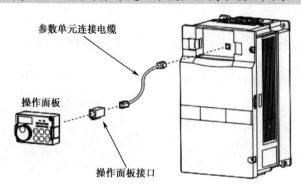

参数单元连接电缆

操作面板

操作面板接口

图 3-15　操作面板与变频器的远距离连接

3.3　变频器的额定值和频率指标

1．输入侧的额定值

变频器输入侧的额定值是指输入侧交流电源的相数和电压参数。在我国中小容量变频器中，输入电压的额定值有以下几种（均为线电压）。

① 380V/（50Hz～60Hz），三相。用于绝大多数设备中。

② 230V/50Hz，两相。用于某些进口设备中。

③ 230V/50Hz，单相。用于民用小容量设备中。

此外，对变频器输入侧电源电压的频率也做了规定，通常都是工频 50Hz 或 60Hz。

2．输出侧的额定值

（1）额定输出电压。

由于变频器在变频的同时也要变压，所以输出电压的额定值是指变频器输出电压中的最大值。在大多数情况下，它就是输出频率等于电动机额定频率时的输出电压值。

（2）额定输出电流。

额定输出电流是指变频器允许长时间输出的最大电流，它是用户在选择变频器时的主要依据。

（3）额定输出容量。

额定输出容量是变频器在正常工况下的最大输出容量，一般用 K·VA 表示。

（4）配用电动机容量。

变频器规定的配用电动机容量适用于长期连续负载运行。

（5）过载能力。

变频器的过载能力是指其输出电流超过额定电流的允许范围和时间，大多数变频器都规

定为 1.5 倍额定电流、60s 或 1.8 倍额定电流、0.5s。

工程问题

　　变频器能用来驱动单相电动机吗？基本上不能。对于调速器开关启动式的单相电动机，在工作点以下范围调速时将烧毁辅助绕组；对于电容启动或电容运转方式的单相电动机，将引发电容器爆炸。

3. 频率范围

　　频率范围是指变频器输出的最高频率和最低频率。各种变频器规定的频率范围不尽相同，通常最低工作频率为 0.1～1Hz，最高工作频率为 200～500Hz。

工程实践

　　三菱 FR-A740 系列变频器的频率输出范围为 0.2～400Hz。对于一个变频器的初学者来说，你可能对这样的数据没什么概念，但如果将它应用于现场实践中，你马上就会感到惊诧。假设用三菱 FR-A740 系列变频器驱动一台四极三相异步电动机，当变频器运行频率为 0.2Hz 时，电动机的同步转速只有 6r/min，显然，这个转速非常慢；当变频器运行频率为 400Hz 时，电动机的同步转速高达 12000r/min，这是普通电动机机械强度所无法承受的速度，并且在 6～12000r/min 这样一个比较宽的速度调节范围内，变频器驱动电动机可在任意转速点上稳定工作。

现场讨论

　　如果使用变频器驱动普通电动机，普通电动机为什么不能在低频域内长期运行？当变频器低频输出时，普通电动机靠装在轴上的风扇或转子端环上的叶片进行冷却，若速度降低，则冷却效果下降，因而不能承受与高速运转相同的发热，必须降低负载转矩，或采用专用的变频器电动机。

4. 频率精度

　　频率精度指变频器输出频率的准确度。由变频器实际输出频率与给定频率之间的最大误差与最高工作频率之比的百分数来表示。例如，三菱 FR-A740 系列变频器的频率精度为±0.01，这是指在-10℃～15℃环境下通过参数设定所能达到的最高频率精度。

　　例如，用户给定的最高工作频率为 f_{max}=120Hz，频率精度为 0.01%，则最大误差为
$$\Delta f_{max} = 120Hz×0.01\% = 0.012Hz$$
通常，数字量给定时的频率精度约比模拟量给定时的频率精度高一个数量级。

5. 频率分辨率

　　频率分辨率指变频器输出频率的最小改变量，即每相邻两挡频率之间的最小差值。

　　例如，当工作频率为 f= 25Hz 时，如果变频器的频率分辨率为 0.01Hz，则上一挡的最小频率为 25Hz +0.01Hz = 25.01Hz，下一挡的最大频率为 25Hz -0.01Hz= 24.99Hz。

课堂讨论

　　变频器的分辨率有什么意义？对于数字控制的变频器，即使频率指令为模拟信号，其输出频率也是有级给定。这个级差的最小单位被称为分辨率。变频器的分辨率越小越好，通常取值为 0.01～0.5Hz。例如，如果分辨率为 0.5Hz，则 23Hz 的上一挡频率应为 23.5Hz，因此电动机的动作也是有级跟随。在有些场合，级差的大小对被控对象影响较大，如造纸厂的纸张连续卷取控制，如果分辨率为 0.5Hz，则 4 极电动机 1 个级差对应电动机的转速差就高达 15rpm，结果使纸张卷取时张力不匀，造成纸张卷取"断头"现象。如果分辨率为 0.01Hz，则 4 极电动机 1 个级差对应电动机的转速差仅为 0.3rpm，显然这样极小的转速差不会影响卷取工艺要求。

3.4　变频器的铭牌与型号

　　铭牌是选择和使用变频器的重要依据和参考，其内容一般包括该厂商的产品系列、序号或标识码、基本参数、电压级别和标准可适配电动机容量等。FR-A740 系列变频器铭牌的位置和相关内容如图 3-16 所示。

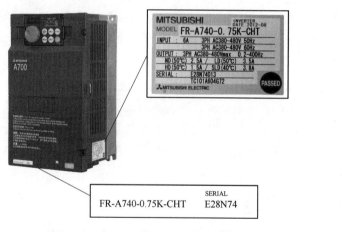

图 3-16　FR-A740 系列变频器的铭牌

小知识

　　三菱 FR-A740 系列变频器铭牌的设计非常独特，也非常人性化。为方便用户识别变频器，在变频器的机身上贴有大小两个铭牌，大铭牌是额定铭牌，主要用于标示变频器的机型、额定参数和频率指标；小铭牌是容量铭牌，主要用于标示变频器的机型和容量。

工程经验

　　新购变频器时，从包装箱中取出变频器后，要检查正面盖板的容量铭牌和机身侧面的额定铭牌，确认变频器型号，看产品与订货单是否相符、机器是否损坏。

产品型号一般标注在铭牌的醒目位置,下面以 FR-A740-0.75K-CHT 机型为例,介绍其型号标识的含义,如图 3-17 所示。

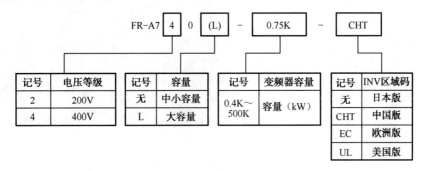

图 3-17 FR-A740-0.75K-CHT 变频器的型号标识含义

变频器的使用寿命由其自身品质、技术含量、使用条件和维修保养等因素综合决定。变频器虽为静止装置,但也有滤波电容器、冷却风扇等消耗器件,如果能对它们进行定期的维护,则可以延长其使用寿命。三菱变频器的常规使用寿命可达 20 年。

欧美国家的变频器产品以性能优良、环境适应能力强而著称;日本的变频器产品以外形小巧、功能多而闻名;我国的变频器产品则凭借大众化、功能简单专用、价格低的优势而得到广泛应用,同时在售后方面也为购买者提供了更加方便的售后服务。

3.5 项目实训

实例 1 拆装操作面板

任务描述:在某些特定场合,可以将同一参数设定复制到多台变频器中,这时需要拆卸和安装变频器的操作面板。

操作步骤 1:拆卸操作面板。

操作要求:松开操作面板上的两处固定螺钉(螺钉不能拆下),如图 3-18 所示;按住操作面板两侧的插销,把操作面板往前拉出后卸卜,如图 3-19 所示。

操作步骤 2:安装操作面板。

操作要求:将操作面板笔直地插入并安装牢靠,旋紧螺钉即可。

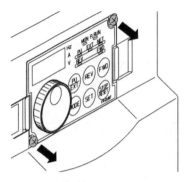
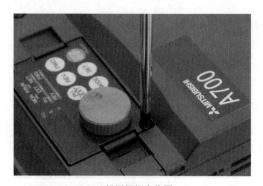

（a）松脱螺钉示意图　　　　　　　　　（b）松脱螺钉实物图

图 3-18　松脱操作面板上的螺钉

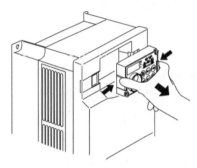

（a）拉出操作面板示意图　　　　　　　（b）拉出操作面板实物图

图 3-19　拉出操作面板

实例 2　拆装前盖板

任务描述：在对变频器的外部端子接线时，需要拆卸和安装变频器的前盖板。

操作步骤 1：拆卸前盖板。

操作要求：旋松安装前盖板用的螺钉，如图 3-20 所示；按住前盖板上的安装卡爪，以左边的固定卡爪为支点向前拉取下前盖板，如图 3-21 所示。

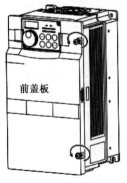

（a）松脱螺钉示意图　　　　　　　　　（b）松脱螺钉实物图

图 3-20　松脱前盖板上的紧固螺钉

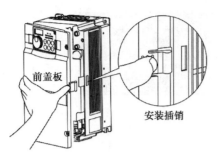

（a）取下前盖板示意图　　　　　　　　（b）取下前盖板实物图

图 3-21　取下前盖板

操作步骤 2：安装前盖板。

操作要求：将前盖板左侧的两处固定卡爪插入机体的接口，如图 3-22 所示；以固定卡爪部分为支点将前盖板压进机体，如图 3-23 所示；拧紧安装螺钉。

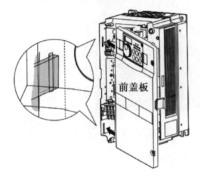

（a）将前盖板卡爪插入机体示意图　　　（b）将前盖板卡爪插入机体实物图

图 3-22　将前盖板卡爪插入机体

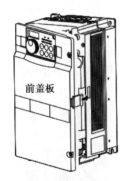

（a）将前盖板压进机体示意图　　　　　（b）将前盖板压进机体实物图

图 3-23　将前盖板压进机体

实例 3　识别变频器的外部端子

任务描述：如图 3-24 所示，对照配线盖板上的端子标识，识别变频器的外部端子。

操作步骤：掀开配线盖板。

操作要求：识别外部端子，绘制端子分布图。

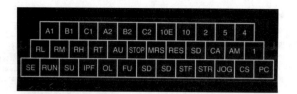

图 3-24　配线盖板实物图

小知识

配线盖板通常设置在控制电路端子排的上方，如图 3-25 所示。它有两个用途：当掀开配线盖板时，控制端子的排列清晰可见，可以为接线和查线带来方便；当合上配线盖板时，配线盖板紧密贴合在端子排上，可以为端子防尘、防水提供有效保护。

图 3-25　配线盖板与端子排实物图

实例 4　拆装端子板

任务描述：在确认变频器主电路完好的前提下，快速更换变频器的控制电路端子板，尽可能缩短现场停机时间，提高生产效率。

操作步骤 1：拆卸控制电路端子板。

操作要求：松开控制电路端子板底部的两个安装螺钉（螺钉不能被卸下），如图 3-26 所示；用双手把端子板从控制电路端子板背面拉下，注意不要把控制电路上的跳线插针弄弯，如图 3-27 所示。

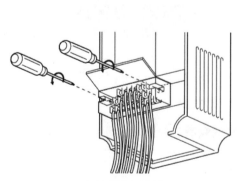

（a）松开螺钉示意图

（b）松开螺钉实物图

图 3-26　松开端子板底部安装螺钉

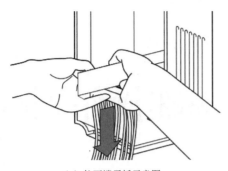
（a）拉下端子板示意图

（b）拉下端子板实物图

图 3-27　拉下控制电路端子板

操作步骤 2：安装控制电路端子板。

操作要求：将控制电路端子板重新装上，如图 3-28 所示；拧紧端子板底部的两个安装螺钉，如图 3-29 所示。

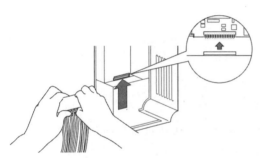
（a）安装端子板示意图

（b）安装端子板实物图

图 3-28　重新安装端子板

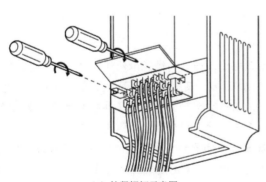
（a）拧紧螺钉示意图

（b）拧紧螺钉实物图

图 3-29　拧紧端子板安装螺钉

项目 4 变频器基础操作训练

知识要求

（1）熟悉变频器的基本构成和工作原理。
（2）掌握变频器的主要功能和其他常见功能。
（3）掌握变频器的功能参数及设定值。
（4）了解 SPWM 原理及控制方式。
（5）掌握变频器的基本操作方法。

技能要求

（1）能对变频器控制电路进行接线操作。
（2）会设置变频器的功能，能准确选取、修改、确认功能参数和设定值。
（3）能用面板对变频器进行运行操作控制。
（4）能用外接端子对变频器进行运行操作控制。
（5）能用 PLC 对变频器进行运行操作控制。
（6）能用模拟量对变频器进行运行操作控制。

项目分析

从 20 世纪 80 年代初开始，随着新型电力电子器件和高性能微处理器的发展，变频技术得到迅猛发展，通用变频器逐渐实现了商品化。目前，变频器主要用于交流电动机的转速控制，是公认的交流电动机最理想、最有前途的调速方案。变频器除了具有卓越的调速性能，还有显著的节能作用，是企业进行技术改造和产品更新换代的理想调速装置。

为充分发挥变频器的作用，必须了解和掌握变频器的主要功能，熟悉变频器的功能码，并且在其投入正常运行前，还要对各种参数进行预置，使变频器的输出特性能够满足生产机械的要求。

4.1　变频器的工作原理

通用变频器主要由主电路和控制电路组成，其组成框图如图 4-1 所示。变频实质上是把直流电逆变成不同频率的交流电，或把交流电先变成直流电再逆变成不同频率的交流电。总之，在变频过程中，电能不发生变化，只有频率发生变化。

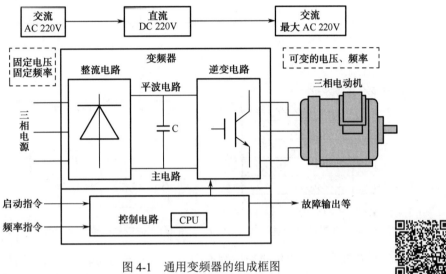

图 4-1　通用变频器的组成框图

变频器的工作原理

1. 变频器主电路

变频器主电路为异步电动机提供调压调频电源，它是变频器电力变换部分，主要由整流单元、中间直流环节、逆变单元组成，其原理图如图 4-2 所示。

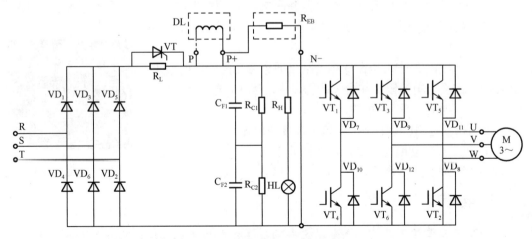

图 4-2　变频器的主电路原理图

（1）整流单元。

变频器的整流单元由三相桥式整流电路构成，整流元件为 $VD_1 \sim VD_6$，其作用是将工频三相交流电整流成直流电。

（2）逆变单元。

变频器的逆变单元是变频器的核心部分，是实现变频的具体执行环节。常见的结构形式是由6个半导体主开关器件（逆变管）组成的三相桥式逆变电路。在每个周期中，各逆变管的导通时间如图4-3中阴影部分所示，得到u_{UV}、u_{VW}、u_{WU}波形，如图4-4所示。

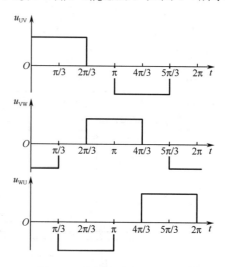

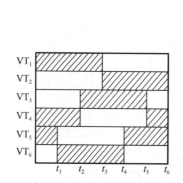

图4-3　各逆变管导通时间　　　　图4-4　逆变单元输出电压波形

由图可知，只要按照一定的规律来控制6个逆变管的导通与截止，就可以把直流电逆变成三相交流电。而逆变后的电流频率则可以在上述导通规律不变的前提下，通过改变控制信号的变化周期来进行调节。

（3）中间直流环节。

① 滤波电容器C_F的作用是滤平整流后的纹波，保持电压平稳。由于受电容量和耐压能力的限制，滤波电路通常由若干个电容器并联成一组，如图4-2中的C_{F1}和C_{F2}所示。因为电解电容的参数有较大的离散性，故在C_{F1}和C_{F2}旁各并联一个阻值相等的均压电阻R_{C1}和R_{C2}。

② 限流电阻R_L的作用是在变频器刚接通电源后的一段时间里，将电容器C_F的充电电流限制在允许范围以内。当C_F充电到一定程度时，再令VT导通，将R_L短路。

③ 电源指示灯HL除了指示电源是否接通，还有一个十分重要的功能，即在变频器切断电源后，指示滤波电容器C_F上的电荷是否已经释放完毕，如图4-5所示。

图4-5　电源指示灯

 工程经验

　　由于C_F的容量较大，而切断电源又必须在逆变电路停止工作的状态下进行，所以C_F没有快速放电回路，其放电时间往往长达数分钟。又由于C_F上的电压较高，如不放完，对人身安全将构成威胁，故在维修变频器时，必须等HL完全熄灭后才能接触变频器内部的导电部分。

2. 变频器控制电路

变频器控制电路主要由运算电路、检测电路、I/O 电路和驱动电路等构成，其主要任务是完成对逆变单元的开关控制、对整流单元的电压控制及实现各种保护功能等。

变频器控制电路框图如图 4-6 所示。

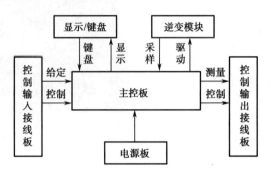

变频器的调制方式

图 4-6　变频器控制电路框图

 工程经验

　　从变频器的硬件可初步判断其性能。很多人不知道变频器的价格为什么差别这么大，即使同一个品牌的不同型号之间价格差别也很大，其中硬件的差别是一个主要原因，价格较低的变频器其模块性能相对较差，电容量也相对较小，主板、驱动板电路简单，保护功能少，变频器容易坏。对于一些运行平稳、负载轻、调速简单的电动机，可以使用价格较低的变频器；如果是用在负载大、速度变化快、经常急刹车的电动机上，则最好选用价格高一些但性能优良的变频器，否则得不偿失。

3. 脉宽调制控制

变频器在改变输出频率时，必须维持 U_1/f_1=常数，这在技术上可采用脉宽调制的方法实现。这种方法的指导思想是将输出电压分解成很多脉冲，调频时通过控制脉冲的宽度和脉冲间隔时间来控制输出电压的幅值。如图 4-7（a）所示是将一个正弦半波分成 n 等份，每一份可以看作一个脉冲，显然，这些脉冲宽度相等，都等于 π/n，但幅值不等，脉冲顶部为曲线，各脉冲幅值按正弦规律变化。若把上述脉冲系列用同样数量的等幅不等宽的矩形脉冲序列代替，并使矩形脉冲的中点和相应正弦等分脉冲的中点重合，且使二者的面积相等，就可以得到如图 4-7（b）所示的脉冲序列，即脉宽调制波形。可以看出，各脉冲的宽度是按正弦规律变化的。根据面积相等、效果相同的原埋，脉宽调制波彤和止弦半波是等效的。

变频器输出的脉宽调制电压波形如图 4-8 所示，虽然该波形与正弦波相差甚远，但由于变频器的负载是电感性负载，而流过电感的电流是不能突变的，故当把调制为几千赫兹的脉宽调制电压波形加到电动机上时，其电流波形就是比较好的正弦波了。

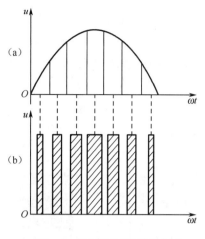

图4-7　脉宽调制原理示意图

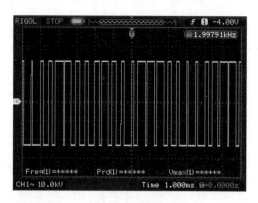

图4-8　脉宽调制电压波形

4.2　变频器的运行模式

运行模式是指变频器的受控方式。根据控制信号来源不同，变频器的运行模式有3种，分别是操作单元控制、外部控制和网络控制。

1. 操作单元控制

操作单元控制又称PU控制，即在操作单元上对变频器实施控制。变频器的受控信号来自它的操作单元，如图4-9所示。启动指令用正转键【STF】或反转键【STR】输入，停止指令用停止键【STOP】输入。使用M旋钮可以在变频器运行过程中改变其输出频率。

图4-9　PU控制

2. 外部控制

外部控制又称EXT控制，即在外部端子上对变频器实施控制。变频器的受控信号来自外部接线端子，启动指令和频率指令需要通过外部输入设备（如电位器、开关等）来完成，如图4-10和图4-11所示。

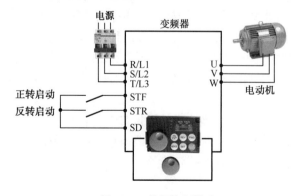

图4-10　外部控制模式1

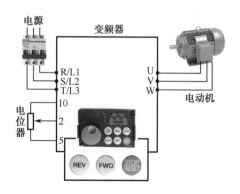

图4-11　外部控制模式2

3．网络控制

网络控制又称 NET 控制，变频器的受控信号来自 PLC，PLC 以通信方式对变频器实施运行控制，变频器的转向指令和频率指令需要通过 RS-485 通信接口来完成，如图 4-12 所示。

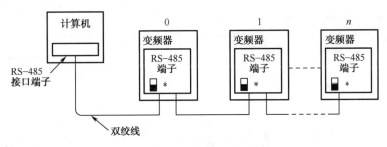

图 4-12　网络控制

4．运行模式切换

变频器默认的运行模式是外部控制，当系统接通电源后，变频器会自动进入外部控制运行状态，EXT 指示灯亮。通过【PU/EXT】键可以切换变频器的运行模式，使变频器的运行模式在外部控制、PU 控制、点动控制（JOG）三者之间切换，如图 4-13 所示。

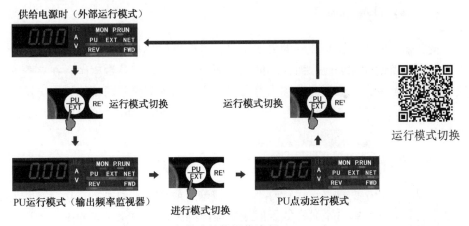

运行模式切换

图 4-13　运行模式切换操作流程

4.3　变频器的监视模式

监视模式

变频器的监视模式用于显示变频器运行时的频率、电流、电压和报警信息，使用户了解变频器的实时工作状态。变频器的监视模式有 3 种，分别是频率监视、电流监视和电压监视，如图 4-14 所示。

（a）频率监视

（b）电流监视

（c）电压监视

图 4-14　监视模式

变频器默认的监视模式是频率监视，当系统接通电源后，变频器会自动进入频率监视模式，Hz 指示灯亮起。在监视模式下，按【SET】键可以循环显示输出频率、输出电流和输出电压，如图 4-15 所示。

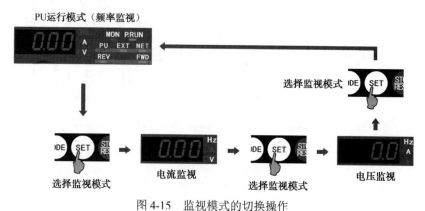

图 4-15　监视模式的切换操作

4.4　变频器功能预置

1. 功能码与数据码

变频器的功能通常用编码的方式定义，每个编码都被赋予了一种特定的功能。所谓功能码是指变频器的功能编码，而在功能码中所设定的数据就是数据码。在三菱变频器中，功能码被称为功能参数，数据码被称为参数值。尽管各种变频器的功能设定方法大同小异，但在功能编码方面，它们之间的差异却是很大的。三菱 FR-A740 系列通用变频器的功能参数详见附录 B。

2. 上限频率与下限频率

上限频率是指变频器在运行时不允许超过的最高输出频率，其功能参数为 Pr.1；下限频率是指变频器在运行时不允许低于的最低输出频率，其功能参数为 Pr.2。在电气传动控制系统中，有时需要对电动机的最高、最低转速加以限制，以保证拖动系统的安全和产品的质量，所采用的方法就是为 Pr.1 和 Pr.2 赋值，通过参数设置限制电动机的运行速度。

Pr.1 和 Pr.2 的功能如图 4-16 所示，具体的参数说明如表 4-1 所示。

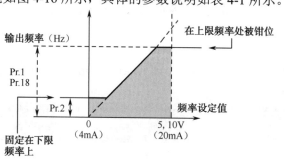

上限频率

下限频率

图 4-16　上限与下限参数功能

表 4-1   Pr.1 和 Pr.2 参数说明

参 数 编 号	名　　称	单　位	设 定 范 围	初　始　值		内 容 描 述
Pr.1	上限频率	0.01Hz	0～120Hz	55kW 以下	120Hz	设定输出频率上限
				75kW 以上	60Hz	
Pr.2	下限频率	0.01Hz	0～120Hz	0Hz		设定输出频率下限

当这两个功能参数设置完成后，变频器的输出频率只能在这两个频率之间变化。当变频器的给定频率高于上限频率或者低于下限频率时，变频器的输出频率将被限制在上、下限频率之间。

例如：预置上限频率=60Hz，下限频率=10Hz。

若给定频率为 30Hz 或 50Hz，则输出频率与给定频率一致；若给定频率为 70Hz 或 5Hz，则输出频率被限制在 60Hz 或 10Hz。

工程问题

当电动机运行频率超过 60Hz 时，应注意什么问题？

① 机械装置在该高转速下运行要有足够的机械强度和抗振动能力。

② 电动机进入恒功率输出范围，其输出转矩要能够维持工作。

③ 要充分考虑轴承寿命问题。

④ 对于中大容量的 2 极电动机，当运行频率超过 60Hz 时要特别注意观察电动机的运行状况。

3. 基准频率

基准频率是指变频器在最大输出电压时对应的输出频率，其功能参数为 Pr.3，参数说明如表 4-2 所示。

基准频率

表 4-2   Pr.3 参数说明

参 数 编 号	名　　称	单　位	设 定 范 围	初　始　值	内 容 描 述
Pr.3	基准频率	0.01Hz	0～400Hz	50Hz	设定输出电压最大时的频率

当使用标准电动机运行时，一般将基准频率设定为电动机的额定频率。当需要电动机在工频电源与变频器之间切换运行时，需要将基准频率设定为与电源频率相同。基准频率设定值应与铭牌所标额定频率相同，若铭牌上标示的是"60Hz"，则 Pr.3 的设定值应为"60Hz"。

工程问题

为什么变频器的基准频率要与电动机的额定频率一致？这是因为若基准频率设定低于电动机额定频率，则电动机电压将会增加，输出电压的增加将引起电动机磁通的增加，使磁通饱和，励磁电流发生畸变，出现很大的尖峰电流，从而导致变频器因过流跳闸。若基准频率设定高于电动机额定频率，则电动机电压将会减小，电动机的带负载能力将下降。

4. 加速时间

加速时间

加速时间是指变频器从启动到输出预置频率所用的时间，其功能参数为 Pr.7。各种变频器都提供了在一定范围内可任意给定加速时间的功能，用户可根据拖动系统的情况自行给定一个加速时间，这样就可以有效解决启动电流大和机械冲击问题。

Pr.7 的功能如图 4-17 所示，其参数说明如表 4-3 所示。

表 4-3　Pr.7 参数说明

参 数 编 号	名　　称	单　位	设 定 范 围	初　始　值		内 容 描 述
Pr.7	加速时间	0.1s	0～3600s	7.5kW 以下	5s	设定电动机的加速时间
			0～360s	11kW 以上	15s	

确定加速时间的基本原则是在电动机的启动电流不超过允许值的前提下，尽量缩短加速时间。在具体操作过程中，可以先将加速时间设得长一些，观察启动电流的大小，再慢慢缩短加速时间。

5. 减速时间

减速时间是指变频器从输出预置频率到停止所用的时间，其功能参数为 Pr.8。各种变频器都提供了在一定范围内可任意给定减速时间的功能，用户可根据拖动系统的情况自行给定一个减速时间，这样就可以有效解决制动电流大和机械惯性问题。

Pr.8 的功能如图 4-17 所示，其参数说明如表 4-4 所示。

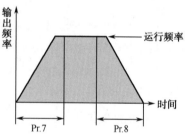

图 4-17　加/减速参数功能

表 4-4　Pr.8 参数说明

参 数 编 号	名　　称	单　位	设 定 范 围	初　始　值		内 容 描 述
Pr.8	减速时间	0.1s	0～3600s	7.5kW 以下	5s	设定电动机的减速时间
			0～360s	11kW 以上	15s	

在频率下降的过程中，电动机处于再生制动状态。如果拖动系统的惯性较大，则电动机将产生过电流和过电压，使变频器跳闸。如何避免上述情况的发生呢？可以通过合理选择减速时间来解决。减速时间的给定方法与加速时间的设定方法一样，其值的大小主要考虑系统的惯性，惯性越大，减速时间越长。一般情况下，加/减速设置可以选择同样的时间。

工程经验

在实际应用中，有些人在调试变频器时没有顾及变频器的"感受"，只根据生产需要把加/减速时间调至 1s 以内，结果导致变频器经常损坏。这是因为加速时间过短，启动电流就大，性能好的变频器能够自动限制输出电流，延长加速时间，而性能差的变频器则会因为电流过大而缩短寿命，因此加速时间最好不少于 2s。当减速太快时，变频器在停车时会受到电动机反电动势冲击，导致模块损坏。因此，电动机急停时最好使用刹车单元，否则就延长减速时间或采用自由停车方式，对于惯性非常大的负载，减速时间通常应设为几分钟。

6. 电子过电流保护

电子过电流保护是指当电流超过预定最大值时，变频器的保护装置启动，使变频器停止输出并给出报警信号，其功能参数为 Pr.9。

Pr.9 的参数说明如表 4-5 所示。

表 4-5　Pr.9 参数说明

参 数 编 号	名　　称	单　位	初 始 值	设 定 范 围		内 容 描 述
Pr.9	过电流保护	0.01A	额定电流	55kW 以下	0～500 A	设定额定电流
		0.1A		75kW 以上	0～3600 A	

【注意事项】

（1）电子过电流保护功能在变频器电源复位或输入复位信号时恢复到初始状态，所以要尽量避免不必要的复位或电源切断。

（2）当连接多台电动机时，电子过电流保护功能无效，每台电动机需要各自设置外部热继电器。

（3）当变频器与电动机的容量差较大、设置值较小时，电子过电流保护作用下降，需要使用外部热继电器。

（4）特殊电动机不能使用电子过电流功能进行过电流保护，需要使用外部热继电器。

7. 启动频率

启动频率是指变频器启动时输出的频率，其功能参数为 Pr.13。启动频率可以从 0 开始，但是对于惯性较大或是转矩较大的负载，变频器启动频率的设定值不能为 0。

功能参数 Pr.13 的功能如图 4-18 所示，参数说明如表 4-6 所示。

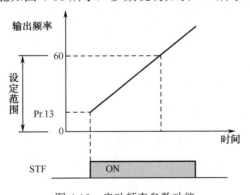

启动频率

图 4-18　启动频率参数功能

表 4-6　Pr.13 参数说明

参 数 编 号	名　　称	单　位	初 始 值	设 定 范 围	内 容 描 述
Pr.13	启动频率	0.01Hz	0.5Hz	0～50Hz	设定电动机启动时的频率

课堂讨论

是否可以不采用软启动而直接将电动机连接到某固定频率的变频器上呢？当电动机在低频下启动时是可以的，但当电动机在较高频率下启动时，由于电动机的工况接近工频电源直接启动时的工况，启动电流很大，变频器会因过电流而停止运行，此时电动机不能启动。

采用变频器驱动时，电动机的启动电流、启动转矩是怎样的？采用变频器驱动时，随着电动机的加速，相应提高频率和电压，启动电流被限制在 150%额定电流以下。用工频电源直接启动时，启动电流为额定电流的 6～7 倍，因此，将产生机械上的冲击。采用变频器驱动可以平滑地启动（启动时间变长），启动电流为额定电流的 1.2～1.5 倍，可以带全负载启动。

一般情况下，变频调速电动机的启动不必从零开始，尤其是在轻载情况下，这样可以减少电动机启动加速时间，改善电动机启动特性，降低成本，提高生产效率。启动频率的设定原则是在启动电流不超过允许值的前提下，以拖动系统能够顺利启动为宜。一般的变频器都可以预置启动频率，一旦预置启动频率，变频器对小于启动频率的运行频率将不予理睬。

8. 点动频率

点动频率   点动频率是指变频器点动运行时的给定频率，其功能参数为 Pr.15，参数说明如表 4-7 所示。

表 4-7　Pr.15 参数说明

参 数 编 号	名　　称	单　位	初　始　值	设 定 范 围	内 容 描 述
Pr.15	点动频率	0.01Hz	5Hz	0～400Hz	设定电动机启动时的频率

在工业生产中，动力机械经常需要进行点动控制，以观察整个拖动系统的运转情况。为防止发生意外，点动运行的频率都较低。如果每次点动前都需将给定频率修改成点动频率是很麻烦的，所以变频器都提供了预置点动频率的功能。如果预置了点动频率，则在每次点动时，只需将变频器的运行模式切换至点动运行模式，不必再修改给定频率。

9. PWM 频率选择

PWM 频率选择用于变更变频器运行时的载波频率，其功能参数为 PWM 频率选择 Pr.72，参数说明如表 4-8 所示。通过设定参数 Pr.72，可以调整电动机运行时的声音。

表 4-8　Pr.72 参数说明

参 数 编 号	名　　称	初　始　值	设 定 范 围	内 容 描 述
Pr.72	PWM 频率选择	2	0～15	变更 PWM 载波频率

10. 参数写入选择

参数写入选择用于变频器功能参数的写保护，其功能参数为 Pr.77，参数说明如表 4-9 所示。通过设定参数 Pr.77，可以防止参数值被意外改写。

表 4-9 Pr.77 参数说明

参 数	名 称	初 始 值	单 位	设 定 范 围	内 容 描 述
Pr.77	参数写入选择	0	1	0	仅限停止时写入
				1	不可写入参数
				2	可以在所有运行模式下不受运行状态限制地写入参数

11. 反转防止选择

反转防止选择用于限制电动机的旋转方向，其功能参数为 Pr.78，参数说明如表 4-10 所示。反转防止有 3 种选择，通过设定参数 Pr.78，可以确定电动机的旋转方向。

表 4-10 Pr.78 参数说明

参 数	名 称	初 始 值	单 位	设 定 范 围	内 容 描 述
Pr.78	反转防止选择	0	1	0	正转和反转均可
				1	不可反转
				2	不可正转

12. 运行模式选择

运行模式选择用于选择变频器的受控方式，其功能参数为 Pr.79，参数说明如表 4-11 所示。变频器的受控方式有 7 种，可以通过设定参数 Pr.79 来进行选择。

表 4-11 Pr.79 参数说明

参 数	名 称	初 始 值	单 位	设 定 范 围	内 容 描 述
Pr.79	运行模式选择	0	1	0	外部/PU 切换模式
				1	PU 运行模式固定
				2	外部运行模式固定
				3	外部/PU 组合运行模式 1
				4	外部/PU 组合运行模式 2
				6	切换模式
				7	PU 运行模式（PU 运行互锁）

13. 锁定操作选择

锁定操作选择用于防止参数变更、意外启动/停止，使操作面板的 M 旋钮及键盘操作无效，其功能参数为 Pr.161，参数说明如表 4-12 所示。

当 Pr.161 的参数值设为"10"或"11"时，按住【MODE】键 2s 左右，当听到"嘀"的一声长响后，表示锁定设置完成，操作面板会显示如图 4-19 所示的字样。在此状态下操作 M 旋钮及键盘时，会出现如图 4-19 所示的字样。如果想

图 4-19 键盘锁定显示

解除锁定状态，再持续按住【MODE】键2s左右即可。

表4-12　Pr.161参数说明

参　数	名　称	初　始　值	单　位	设定范围	内 容 描 述	
Pr.161	锁定操作选择	0	1	0	操作M旋钮可进行数据的增/减	键盘锁定模式无效
				1	M旋钮可用于PU操作模式的频率调整	
				10	操作M旋钮可进行数据的增/减	键盘锁定模式有效
				11	M旋钮可用于PU操作模式的频率调整	

14. 变频器的功能预置

变频器有很多种功能，在与具体的生产机械配用时，需根据该生产机械的特性与要求预先进行一系列的功能设定，如基准频率、上限频率、加速时间等，这称为功能预置设定，简称预置。预置一般通过编程方式进行，尽管各种变频器的功能不尽相同，但功能预置的步骤却十分相似，功能预置过程框图如图4-20所示。

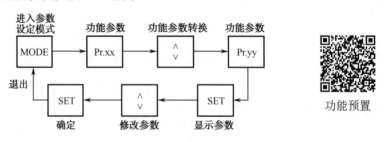

图4-20　功能预置过程框图

【预置举例】

预置操作单元锁定的操作流程如图4-21所示。

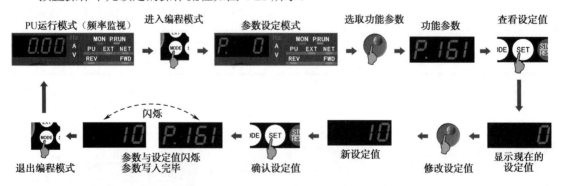

图4-21　预置操作单元锁定的操作流程

（1）查功能参数表，找出需要预置的功能参数。

对照功能参数表（见附录B），确定此项操作的功能参数为Pr.161。

（2）在 PU 模式下，读出该功能参数中的原设定值。

具体步骤：待机状态→点动按压【MODE】键→进入编程模式，屏显"Pr.0"→连续右旋 M 旋钮→屏显"Pr.161"→点动按压【SET】键→屏显"0"（初始值）。

（3）修改设定值，写入新数据。

连续右旋 M 旋钮→屏显"10"（设定值）→点动按压【SET】键，确定设定值功能参数 Pr.161 与新设定值交替闪烁，→点动按压【MODE】键→退出编程模式→设置完成。

4.5　项目实训

实例 1　运行模式选择操作

任务描述：手动操作【PU/EXT】键，在"外部控制""PU 控制""JOG 控制"运行模式之间进行切换，选择变频器的运行模式。

运行模式选择操作过程如图 4-22 所示。

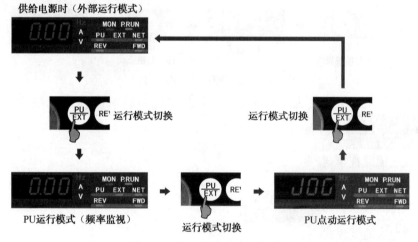

图 4-22　运行模式选择操作过程

（1）接通电源。

操作：合闸，使变频器处于待机状态。

观察：此时操作面板状态为 ▭。

（2）设置 PU 运行模式。

操作：点动按压【PU/EXT】键一次。

观察：此时操作面板状态为 ▭。

（3）设置点动操作模式。

操作：点动按压【PU/EXT】键一次。

观察：此时操作面板状态为 ▭。

（4）设置外部运行模式。

操作：点动按压【PU/EXT】键一次。

观察：此时操作面板状态为 。

实例2 监视模式选择操作

> 任务描述：手动操作【SET】键，在"输出频率""输出电流""输出电压"监视模式之间进行切换，选择对应的监视模式。

监视模式选择操作过程如图4-23所示。

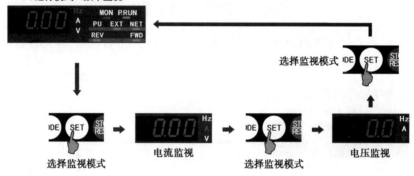

图4-23 监视模式选择操作过程

假设变频器的运行模式为 PU 控制、监视模式为频率监视，则操作面板状态为

。

（1）设置电流监视模式。

操作：点动按压【SET】键一次。

观察：操作面板状态为 。

（2）设置电压监视模式。

操作：点动按压【SET】键一次。

观察：操作面板状态为 。

（3）设置频率监视模式。

操作：点动按压【SET】键一次。

观察：操作面板状态为 。

【特别提示】

持续按住【SET】键1s可设置屏幕上最先显示的内容。若要恢复为显示输出频率，当屏幕上显示输出频率时，持续按住【SET】键1s即可。

实例3 频率设定操作

> 任务描述：手动调节 M 旋钮，变更变频器运行频率的设定值。

频率设定用于设置变频器的工作频率，其操作过程如图 4-24 所示。

图 4-24 频率设定操作过程

假设变频器的运行模式为外部控制、监视模式为频率监视，则操作面板状态为

。

（1）变更变频器的工作频率。

操作：旋转 **M** 旋钮，变更频率数值。

观察：操作面板状态为 。

（2）确定新频率值。

操作：点动按压【SET】键一次。

观察：LED 闪烁，操作面板状态为 。

实例 4 变更参数设定值操作

> 任务描述：将变频器功能参数 Pr.7 的设定值由 6 变更为 10。

变更参数设定值的操作过程如图 4-25 所示。

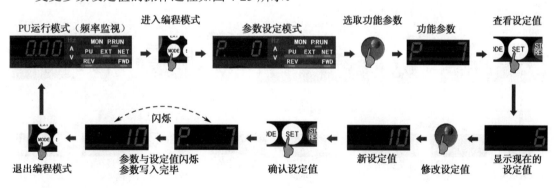

图 4-25 变更参数设定值的操作过程

假设变频器的运行模式为 **PU** 控制、监视模式为频率监视，则操作面板状态为

。

（1）设置参数设定模式。

操作：点动按压【MODE】键一次。

观察：操作面板状态为 。

（2）选择功能参数。

操作：连续右旋 **M** 旋钮，选择功能参数 Pr.7。

观察：操作面板状态为 .

（3）查看设定值。

操作：点动按压【**SET**】键一次。

观察：操作面板状态为 .

（4）修改设定值。

操作：连续右旋 **M** 旋钮，修改数据码为 10。

观察：操作面板状态为 .

（5）确认设定值。

操作：点动按压【**SET**】键一次。

观察：LED 闪烁，操作面板状态为 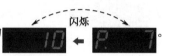。

（6）退出参数设定模式。

操作：点动按压【**MODE**】键一次。

观察：LED 闪烁，操作面板状态为 。

实例 5　参数清除操作

> **任务描述**：将变频器初始化，先清除当前的参数设置，再使参数设置恢复到初始值。

参数清除操作过程如图 4-26 所示。

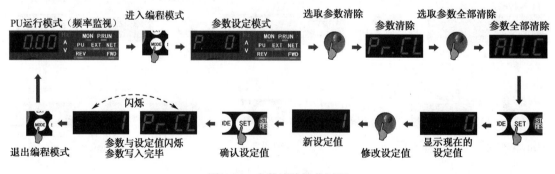

图 4-26　参数清除操作过程

假设变频器的运行模式为 **PU** 控制、监视模式为频率监视，则操作面板状态为 。

（1）设置参数设定模式。

操作：点动按压【**MODE**】键一次。

观察：操作面板状态为 .

（2）选择功能参数。

操作：左旋 **M** 旋钮，选择功能参数 Pr.CL、ALLC。

观察：操作面板状态为。

（3）查看设定值。

操作：点动按压【SET】键一次。

观察：操作面板状态为 **0**。

（4）修改设定值。

操作：右旋 **M** 旋钮，修改数据码为 1。

观察：操作面板状态为 **1**。

（5）确认设定值。

操作：点动按压【SET】键一次。

观察：LED 闪烁，操作面板状态为。

（6）退出参数设定模式。

操作：点动按压【MODE】键一次。

观察：LED 闪烁，操作面板状态为 0.00 。

【特别提示】

① 参数清除。将参数全部清除后再统一设定为 1。

② 当参数 Pr.77 被设定为 1 时，表示选择参数写入被禁止，参数将不能被清除。

实例 6 锁定操作

任务描述：锁定 **M** 旋钮和键盘，使变频器面板上的 **M** 旋钮和键盘操作失效。

锁定操作过程如图 4-27 所示。

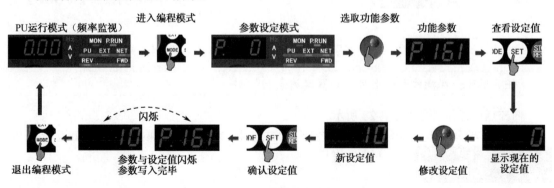

图 4-27 锁定操作过程

假设变频器的运行模式为 **PU** 控制、监视模式为频率监视，则操作面板状态为 0.00 。

（1）选择参数设定模式。

操作：点动按压【MODE】键一次。

观察：操作面板状态为 。

（2）选择功能参数。

操作：右旋 M 旋钮，选择功能参数 Pr.161。

观察：操作面板状态为 。

（3）查看设定值。

操作：点动按压【SET】键一次。

观察：操作面板状态为 ![0]。

（4）修改设定值。

操作：右旋 M 旋钮，修改数据码为 10。

观察：操作面板状态为 ![10]。

（5）确认设定值。

操作：点动按压【SET】键一次。

观察：LED 闪烁，操作面板状态为 ![10 ⇄闪烁⇄ P.161]。

（6）退出参数设定模式。

操作：点动按压【MODE】键一次。

观察：LED 闪烁，操作面板状态为 ![0.00 MON PRUN]。

将功能参数 Pr.161 设置为"10"或"11"，然后按住【MODE】键 2s 左右，此时 M 旋钮及键盘操作均无效。

当 M 旋钮及键盘操作无效后，操作面板会显示 ![HOLd] 字样。在此状态下操作 M 旋钮或键盘时，也会显示 ![HOLd] 字样。如果想使 M 旋钮及键盘操作有效，则按住【MODE】键 2s 左右。

实例 7　内控点动操作

> 任务描述：在操作面板上对变频器实施点动控制。

内控点动操作过程如图 4-28 所示。

假设变频器的运行模式为外部控制、监视模式为频率监视，则操作面板状态为

（1）运行模式切换。

操作：点动按压【PU/EXT】键一次。

观察：操作面板状态为 。

操作：再点动按压【PU/EXT】键一次。

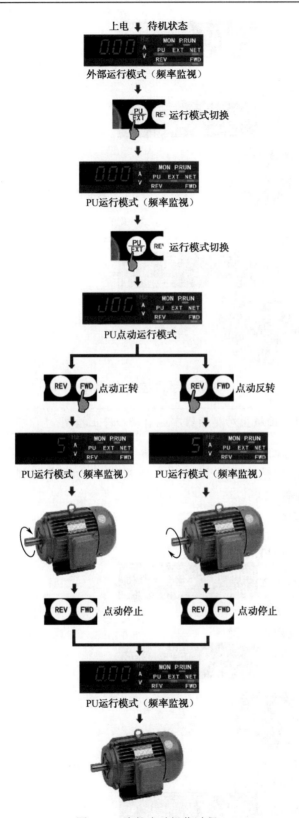

图 4-28   内控点动操作过程

观察：操作面板状态为  。

（2）选择正转点动运行。

操作：持续点动按压【FWD】键。

观察：操作面板状态为  。

电动机状态为  。

（3）停止正转点动运行。

操作：松开【FWD】键。

观察：操作面板状态为  。

电动机状态为  。

实例8   内控启/停操作

> 任务描述：在操作面板上对变频器实施启动和停止控制。

内控启/停操作过程如图4-29所示。

假设变频器的运行模式为外部控制、监视模式为频率监视，则操作面板状态为

（1）运行模式切换。

操作：点动按压【PU/EXT】键一次。

观察：操作面板状态为  。

（2）选择正转连续运行。

操作：点动按压【FWD】键。

观察：操作面板状态为

电动机状态为

（3）停止正转运行。

操作：点动按压【STOP】键。

观察：操作面板状态为

电动机状态为  。

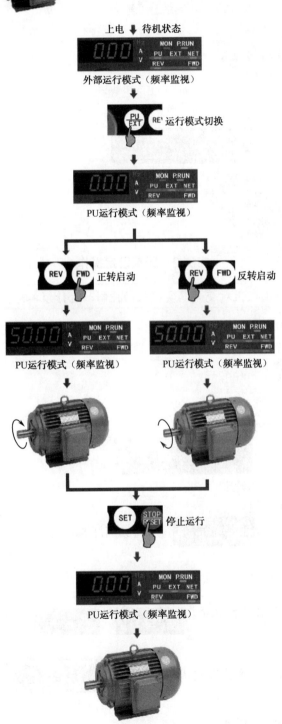

图 4-29　内控启/停操作过程

（4）选择反转连续运行。

操作：点动按压【FWD】键。

观察：操作面板状态为  。

电动机状态为 。

（5）停止反转运行。

操作：点动按压【STOP】键。

观察：操作面板状态为  。

电动机状态为  。

实例9　频率设定操作

任务描述：在操作面板上对变频器实施长动控制，运行频率为 30Hz。

频率设定操作过程如图 4-30 所示。

假设变频器的运行模式为外部控制、监视模式为频率监视，则操作面板状态为

（1）运行模式切换。

操作：点动按压【PU/EXT】键一次。

观察：操作面板状态为

（2）用 M 旋钮进行频率设定。

操作：持续右旋 M 旋钮。

观察：操作面板状态为 ，并持续闪烁 5s 左右。

（3）确认设定值。

操作：点动按压【SET】键一次。

观察：LED 闪烁，操作面板状态为  。

（4）设定完成。

观察：LED 闪烁 3s 后，操作面板状态为

（5）选择正转运行。

操作：点动按压【FWD】键。

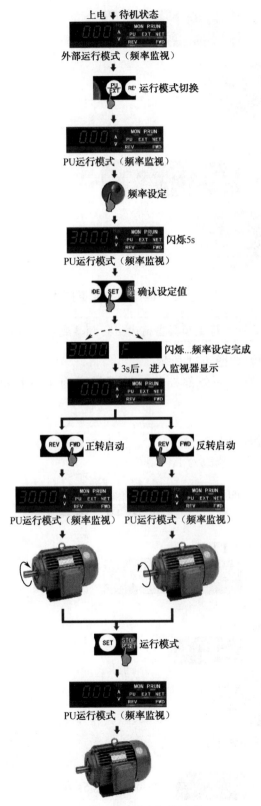

图 4-30 频率设定操作过程

观察：操作面板状态为

电动机状态为 ⟲ 。

（6）停止正转运行。

操作：点动按压【STOP】键。

观察：操作面板状态为

电动机状态为 。

实例 10　运行频率变更操作

┌───┐
　　任务描述： 在操作面板上将变频器当前的运行频率变更为 50Hz。
└───┘

运行频率变更操作过程如图 4-31 所示。

假设变频器的运行模式为外部控制、监视模式为频率监视，则操作面板状态为

（1）将 Pr.161 参数设置为 1。

操作：将 Pr.161 的设定值修改为 1。

观察：LED 闪烁，操作面板状态为 。

（2）运行模式切换。

操作：点动按压【PU/EXT】键一次。

观察：操作面板状态为

（3）选择正转运行。

操作：点动按压【FWD】键。

观察：操作面板状态为 。

电动机状态为 。

（4）用 M 旋钮进行频率调节。

操作：持续右旋 M 旋钮。

观察：操作面板状态为 ⎐⎐⎐⎐ ，并持续闪烁 5s 左右。

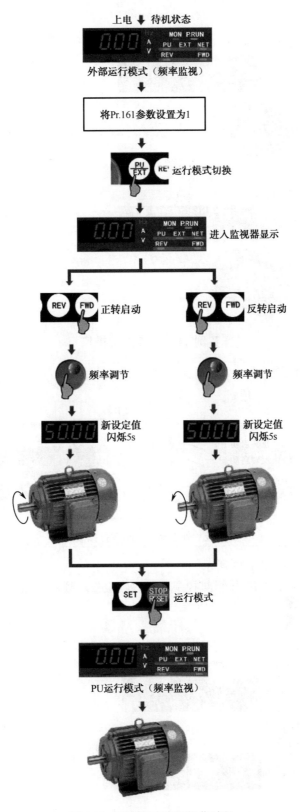

图 4-31　运行频率变更操作过程

（5）选择正转运行。

操作：点动按压【FWD】键。

观察：操作面板状态为  。

电动机状态为  。

（6）停止正转运行。

操作：点动按压【STOP】键。

观察：操作面板状态为  。

电动机状态为 。

实例 11 外控点动操作

任务描述：如图 4-32 所示为外部操作点动运行接线图，以 5Hz 为初始值，利用外部控制端子对变频器实施点动控制。

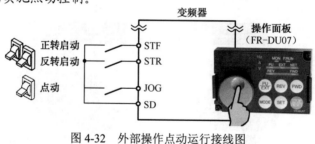

图 4-32 外部操作点动运行接线图

外控点动操作过程如图 4-33 所示。

假设变频器的运行模式为外部控制、监视模式为频率监视，则操作面板状态为  。

（1）选择点动运行。

操作：闭合 JOG 开关，使 JOG 端子与 SD 端子接通。

观察：操作面板状态为  。

（2）选择正转运行。

操作：闭合 STF 开关，使 STF 端子与 SD 端子接通。

观察：操作面板状态为  。

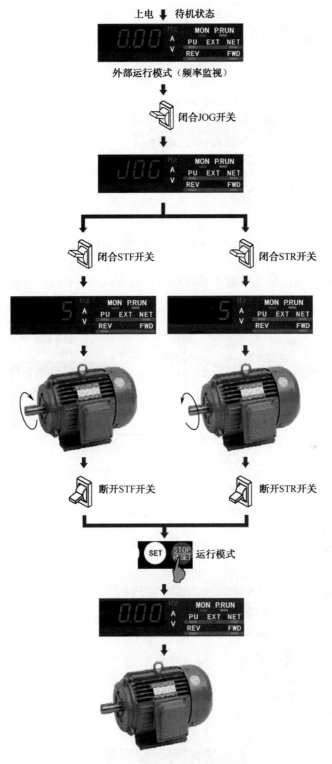

图 4-33 外控点动操作过程

电动机状态为  。

（3）停止正转运行。

操作：断开 STF 开关，使 STF 端子与 SD 端子不接通。

观察：操作面板状态为  。

电动机状态为  。

实例 12　外控启/停操作

任务描述：如图 4-34 所示为外部操作连续运行接线图，利用外部信号对变频器实施启动和停止控制。

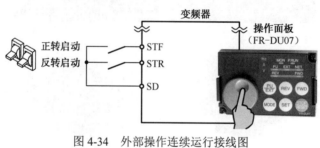

图 4-34　外部操作连续运行接线图

外控启/停操作过程如图 4-35 所示。

假设变频器的运行模式为外部控制、监视模式为频率监视，则操作面板状态为  。

（1）选择正转运行。

操作：闭合 STF 开关，使 STF 端子与 SD 端子接通。

观察：操作面板状态为 ，正转指示灯（FWD 灯）闪烁。

电动机状态为  。

（2）用 M 旋钮进行频率增大调节。

操作：持续右旋 M 旋钮，使显示频率由小变大。

观察：操作面板最终状态为  。

图 4-35　外控启/停操作过程

电动机状态为  。

（3）用 M 旋钮进行频率减小调节。

操作：持续左旋 M 旋钮，使显示频率由大变小。

观察：操作面板最终状态为 ，正转指示灯（FWD 灯）闪烁。

电动机状态为 。

（4）停止正转运行。

操作：断开 STF 开关，使 STF 端子与 SD 端子不接通。

观察：操作面板状态为

电动机状态为  。

实例 13　组合运行模式 1 操作

> 任务描述：用外部信号控制启/停，在操作面板上设定运行频率为 30Hz。

组合运行模式 1 操作过程如图 4-36 所示。

假设变频器的运行模式为外部控制、监视模式为频率监视，则操作面板状态为

 。

（1）将 Pr.79 参数设置为 3。

操作：将 Pr.79 的设定值修改为 3，PU 灯和 EXT 灯同时亮。

观察：操作面板状态为

（2）选择正转运行。

操作：闭合 STF 开关，使 STF 端子与 SD 端子接通。

观察：操作面板状态为

电动机状态为 。

（3）用 M 旋钮进行频率设定。

操作：持续左旋 M 旋钮。

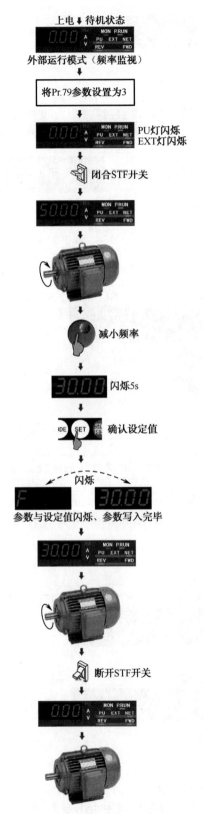

图 4-36　组合运行模式 1 操作过程

观察：操作面板状态为 ，并持续闪烁 5s 左右。

（4）确认设定值。

操作：点动按压【SET】键一次。

观察：LED 闪烁，操作面板状态为

（5）按新设定值正转运行。

观察：LED 闪烁 3s 后，操作面板状态为

电动机状态为 。

（6）停止正转运行。

操作：断开 STF 开关，使 STF 端子与 SD 端子不接通。

观察：操作面板状态为

电动机状态为 。

实例 14　组合运行模式 2 操作

任务描述：用操作面板控制启/停，利用外接的电位器进行频率设定。

组合运行模式 2 操作过程如图 4-37 所示。

假设变频器的运行模式为外部控制、监视模式为频率监视，则操作面板状态为 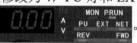。

（1）将 Pr.79 参数设置为 4。

操作：将 Pr.79 的设定值修改为 4，PU 灯和 EXT 灯同时亮。

观察：操作面板状态为 。

（2）选择正转运行。

操作：点动按压【FWD】键。

观察：操作面板状态为 ，正转指示灯（FWD 灯）闪烁。

电动机状态为 。

（3）用电位器进行频率增大调节。

操作：持续右旋电位器旋钮，使显示频率由小变大。

图 4-37　组合运行模式 2 操作过程

观察：操作面板最终状态为 。

电动机状态为 。

（4）用电位器进行频率减小调节。

操作：持续左旋电位器旋钮，使显示频率由小变大。

观察：操作面板最终状态为 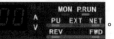，正转指示灯（FWD 灯）闪烁。

电动机状态为 。

（5）停止正转运行。

操作：点动按压【STOP】键。

观察：操作面板状态为

实例 15　多段速控制操作

> **任务描述：** 如图 4-38 所示为 3 段速设定操作接线图，STF、STR 端子用于控制运行方向，RH、RM、RL 端子用于控制运行频率，通过控制运行频率可以对变频器实施 3 段速运行控制。
>
>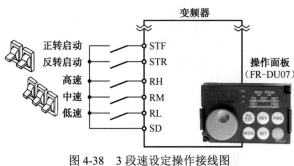
>
> 图 4-38　3 段速设定操作接线图

3 段速运行操作过程如图 4-39 所示。

假设变频器的运行模式为外部控制、监视模式为频率监视，则操作面板状态为

（1）选择正转运行。

操作：闭合 STF 开关，使 STF 端子与 SD 端子接通。

观察：操作面板状态为 ，同时正转指示灯（FWD 灯）闪烁。

电动机状态为 。

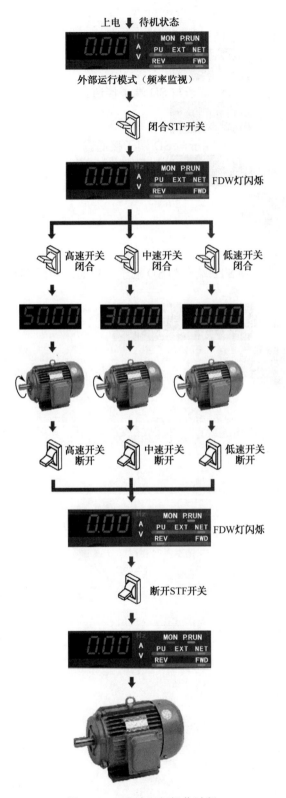

图 4-39　3 段速运行操作过程

（2）选择高速运行。

操作：闭合 RH 开关，使 RH 端子与 SD 端子接通。

观察：操作面板状态为 `50.00`。

操作：闭合 RH 开关，使 RM 端子与 SD 端子接通。

观察：操作面板状态为 `30.00`。

操作：闭合 RH 开关，使 RL 端子与 SD 端子接通。

观察：操作面板状态为 `10.00`。

电动机状态为 。

（3）选择停止运行。

操作：断开 STF 开关，使 STF 端子与 SD 端子不接通；断开 RH 开关，使 RH 端子与 SD 端子不接通。

观察：操作面板状态为 `0.00`。

电动机状态为 。

项目 5　变频器高级操作训练

 **知识要求**

（1）熟悉变频器的多段速逻辑组态。
（2）熟悉三菱 FX_{2N}-5A 功能模块。
（3）熟悉 RS-485-BD 功能模块。
（4）熟悉特殊功能模块读写指令。
（5）熟悉变频器通信专用指令。

技能要求

（1）能使用 PLC 以开关量方式控制变频器运行。
（2）能使用 PLC 以模拟量方式控制变频器运行。
（3）能使用 PLC 以 RS-485 通信方式控制变频器运行。

项目分析

在现代工业控制系统中，PLC 和变频器的组合应用最为普遍。比较传统的应用一般是使用 PLC 的输出口驱动中间继电器，进而控制变频器的启动、停止或多段速运行；较为精确的应用则是采用 PLC 加 D/A 功能模块控制变频器运行；对于由 1 台 PLC 和不多于 8 台变频器组成的小型工业自动控制系统，变频器主要以 RS-485 通信方式控制为主；对于大型工业自动控制系统，变频器主要以 CC-Link 总线方式控制为主。

5.1 变频器的开关量控制

很多生产机械需要在不同的阶段以不同的转速运行，为了满足这类负载的工艺要求，变频器提供了多段速运行功能。在 PLC 开关量控制变频器的系统中，PLC 的输出端子直接与变频器的多段速端子连接，通过程序控制改变多段速端子的逻辑组态，从而实现变频器运行频率的改变。变频器的多段速端子一般为 3～4 个，3 个端子可以组成 8 种不同的频率给定，4 个端子可以组成 16 种不同的频率给定（当端子全部断开时，频率为 0Hz，不算在内），所以通常可以组合出 3 段速、7 段速和 15 段速三种情况。

1. 多段速逻辑组态

三菱 FR-A740 系列变频器的多段速逻辑组态分为 3 段速、7 段速和 15 段速三种情况，对应的组态表如表 5-1～表 5-3 所示。

变频器多段速控制

表 5-1　3 段速组态表

段　　号	1	2	3
RL、RM、RH 组态	001	010	100
频率参数	Pr.4	Pr.5	Pr.6

表 5-2　7 段速组态表

段　　号	4	5	6	7
RL、RM、RH 组态	110	101	011	111
频率参数	Pr.24	Pr.25	Pr.26	Pr.27

表 5-3　15 段速组态表

段　　号	8	9	10	11	12	13	14	15
MRS、RL、RM、RH 组态	1000	1100	1010	1110	1001	1101	1011	1111
频率参数	Pr.232	Pr.233	Pr.234	Pr.235	Pr.236	Pr.237	Pr.238	Pr.239

2. 应用说明

（1）各段的输入端的逻辑关系为 1 表示接通，0 表示断开。例如，1 段的 001 表示 RL 端子断开、RM 端子断开、RH 端子接通。其余类推。

（2）采用 3 段速时，规定 RH 是高速端子、RM 是中速端子、RL 是低速端子。如果同时有两个以上端子接通，则低速优先。7 段速和 15 段速不存在上述问题，每段都须单独设置。

（3）频率参数设置范围均为 0～400Hz，但如果变频器是 3 段速运行，则 4～15 段速频率参数均要设为 9999；如果变频器是 7 段速运行，则 8～15 段速频率参数均要设为 9999。

（4）在实际使用中，不一定非要采用 3 段速、7 段速、15 段速，也可以采用 5 段速、6 段速、8 段速等，这时只要将其他段速参数设置为 9999 即可。

5.2　变频器的模拟量控制

在需要对速度做精细调节的场合，利用 PLC 模拟量模块的输出来控制变频器是一种既有效又简便的方法，其控制过程如图 5-1 所示。该方法的优点是编程简单、调速过程平滑连续、工作稳定、实时性强；缺点是成本较高。

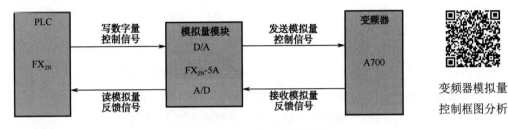

图 5-1　PLC 以模拟量方式控制变频器的控制过程

1. 模块编号

为了使 PLC 能够准确地对每一个模块进行读/写操作，必须对这些模块进行编号，编号原则是从最靠近 PLC 基本单元的模块开始，按由近到远的原则将 0～7 号依次分配给各个模块。如图 5-2 所示为模块位置编号示例。

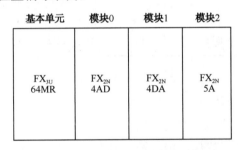

图 5-2　模块位置编号示例

2. FX_{2N}-5A 模块简介

FX_{2N}-5A 特殊功能模块

三菱 FX_{2N}-5A 模块具有 4 个输入通道和 1 个输出通道，其外部结构如图 5-3 所示。输入通道用于接收外部输入的模拟量信号，通过 A/D 转换将模拟量转换成数字量，模块默认的 A/D 转换关系如图 5-4 所示。输出通道用于获取来自 PLC 的数字量，通过 D/A 转换将数字量转换成模拟量，模块默认的 D/A 转换关系如图 5-5 所示。

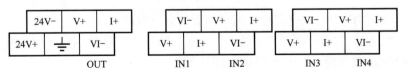

图 5-3　FX_{2N}-5A 模块外部结构

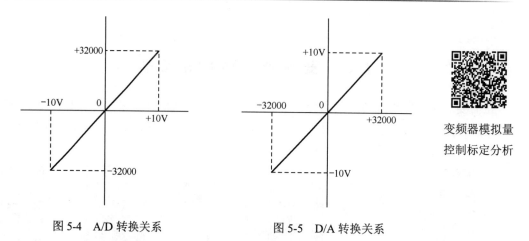

变频器模拟量
控制标定分析

图 5-4　A/D 转换关系　　　　图 5-5　D/A 转换关系

在变频器的模拟量控制中，PLC 通过对缓冲存储器 BFM 的读/写操作实现对变频器的实时控制。下面以 FX_{2N}-5A 功能模块为例介绍几个常用的缓冲存储器。

（1）BFM#0——输入通道字。

BFM#0 用于指定 CH1～CH4 的输入方式，出厂值为 H000。BFM#0 由一组 4 位的十六进制代码组成，每位代码对应 1 个输入通道，最高位对应输入通道 4，最低位对应输入通道 1，如图 5-6 所示。

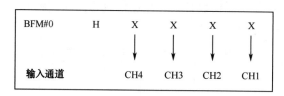

图 5-6　输入通道字

（2）BFM#1——输出通道字。

BFM#1 用于指定 CH1 的输出方式，出厂值为 H000。BFM#1 由一个 4 位数的十六进制代码组成，其中最高的 3 位数被模块忽略，只有最低的 1 位数对应输出通道 1，如图 5-7 所示。

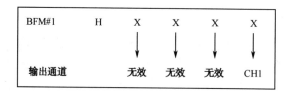

图 5-7　输出通道字

变频器模拟量
控制通道设置

（3）BFM#10～BFM#13——采样数据（当前值）存放单元。

输入通道的 A/D 转换数据（数字量）以当前值的形式存放在 BFM#10～BFM#13 中。BFM#10～BFM#13 对应通道 CH1～CH4，具有只读性。

（4）BFM#14——模拟量输出值存放单元。

BFM#14 接收用于 D/A 转换的模拟量输出数据。在模拟量控制系统中，变频器的给定频率就存放在 BFM#14 中。

5.3   变频器的 RS-485 通信控制

在小型工业自动控制系统中，变频器一般采用 RS-485 通信控制。如图 5-8 所示，PLC 是主站，变频器是从站，主站 PLC 通过站号区分不同从站的变频器，主站与任意从站之间均可进行单向或双向数据传送。通信程序在主站上编写，从站只需设定相关的通信协议参数即可。

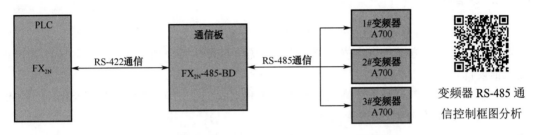

变频器 RS-485 通信控制框图分析

图 5-8   变频器 RS-485 总线控制系统

1. RS-485 通信接口

三菱 FX 系列 PLC 通信接口标准是 RS-422，而三菱 A700 系列变频器通信接口标准是 RS-485。由于接口标准不同，它们之间要想实现数据通信，就必须对其中一个设备的通信接口进行转换。通常的做法是对 PLC 的通信接口进行转换，即把 PLC 的 RS-422 接口转换成 RS-485 接口，这种转换所使用的硬件就是三菱 FX 系列 RS-485-BD 通信板。

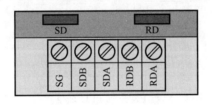

FX_{3G}-485-BD 通信板

图 5-9 FX_{3G}-485-BD 通信板

三菱 FX_{3G}-485-BD 通信板如图 5-9 所示，板上有 5 个接线端子，它们分别是数据发送端子（SDA、SDB）、数据接收端子（RDA、RDB）和公共端子 SG。另外，板上还设有 2 个 LED 通信指示灯，用于显示当前的通信状态。当发送数据时，SD 指示灯处于频闪状态；当接收数据时，RD 指示灯处于频闪状态。

【注意事项】

目前，三菱公司在 FX 系列产品线上推出了最新一代 FX_{5U} 机型 PLC，该机型配置了多种通信接口，其中就包含一个 RS-485 接口。因此，如果使用 FX_{5U} 机型 PLC 控制变频器，就不再需要另外配置三菱 FX 系列 RS-485-BD 通信板了。

通信板与单台变频器的连接如图 5-10 所示。

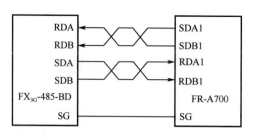

变频器 RS-485 通信控制硬件设计

图 5-10　通信板与单台变频器的连接

2. 通信设置

为实现 PLC 和变频器之间的通信，通信双方需要有一个"约定"，使得通信双方在字符的数据长度、校验方式、停止位长和波特率等方面能够保持一致，而进行"约定"的过程就是通信设置。

三菱 FX 系列 PLC 通信参数的设置如图 5-11 所示，在 H/W 类型中选择 RS-485；在传送控制步骤中选择格式 4；其他选项不变。

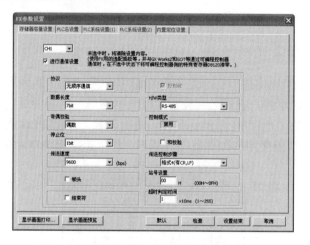

变频器 RS-485 通信控制参数设置

图 5-11　三菱 FX 系列 PLC 通信参数的设置

三菱变频器通信参数的设置如表 5-4 所示，在功能参数 Pr.331 中，根据实际站号修改参数值；在功能参数 Pr.333 中，将参数值修改为 10；在功能参数 Pr.336 中，将参数值修改为 9999；其他功能参数无须修改。

表 5-4　变频器通信参数设置

参数编号	设定内容	单位	初始值	设定值	数据内容描述
Pr.331	站号选择	1	0	0～31	两台以上须设站号
Pr.332	波特率	1	96	96	选择通信速率，波特率=9600bps
Pr.333	停止位长	1	1	10	数据位长=7 位，停止位长=1 位
Pr.334	校验选择	1	2	2	选择偶校验方式
Pr.335	再试次数	1	1	1	设定发生接收数据错误时的再试次数容许值
Pr.336	校验时间	0.1	0	9999	选择校验时间

续表

参数编号	设定内容	单位	初始值	设定值	数据内容描述
Pr.337	通信等待	1	9999	9999	设定向变频器发送数据后信息返回的等待时间
Pr.338	通信运行指令权	1	0	0	选择启动指令权通信
Pr.339	通信速度指令权	1	0	0	选择频率指令权通信
Pr.341	CR/LF 选择	1	1	1	选择有 CR、LF

3. 三菱变频器通信专用指令介绍

为方便 PLC 以通信方式控制变频器运行，许多 PLC 机型都提供了专门用于变频器通信控制的指令，但变频器通信专用指令的使用具有局限性，因为它只对某些特定的变频器适用，一般针对与 PLC 同一品牌的变频器。

（1）变频器运行状态的监视。

运行状态监视是指对变频器的运行状态信息（如电流值、电压值、频率值、正/反转等）进行采集，为方便完成状态监视任务，三菱 FX 系列 PLC 提供了变频器运行监视指令，该指令的助记符为 IVCK，代码为 FNC270。

指令功能：将变频器运行参数的当前值从变频器读（复制）到 PLC，指令格式如图 5-12 所示，指令操作说明如表 5-5 所示。

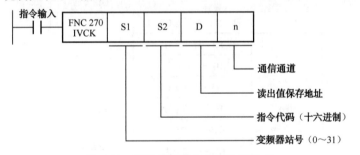

图 5-12   运行监视指令 IVCK 的格式

指令解读：当触点接通时，按照指令代码 S2 的要求，把通道 n 所连接的 S1 号变频器的运行监视数据读（复制）到 PLC 的数据存储单元 D 中。

表 5-5   IVCK 指令操作说明

读取内容（目标参数）	指令代码	操作数释义	通信方向	操作形式	通道号
输出频率值	H6F	当前值；单位为 0.01Hz	变频器 ↓ PLC	读操作	CH1 ↓ K1
输出电流值	H70	当前值；单位为 0.01A			
输出电压值	H71	当前值；单位为 0.1V			
运行状态监控	H7A	b0 = 1，H1；正在运行			
		b1 = 1，H2；正转运行			
		b2 = 1，H4；反转运行			

（2）变频器运行状态的控制。

运行状态控制是指对变频器的运行状态（如正转、反转、点动、停止等）进行控制，为方便完成运行控制任务，三菱 FX 系列 PLC 提供了变频器运行控制专用指令，该指令的助记符为 IVDR，代码为 FNC271。

指令功能：将控制变频器运行所需的设定值从 PLC 写（复制）入变频器，指令格式如图 5-13 所示，指令操作说明如表 5-6 所示。

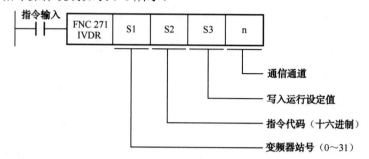

图 5-13　运行控制指令 IVCK 的格式

指令解读：当触点接通时，按照指令代码 S2 的要求，把通道 n 所连接的 S1 号变频器的运行设定值 S3 写（复制）入该变频器当中。

表 5-6　IVDR 指令操作说明

读取内容（目标参数）	指令代码	操作数释义	通信方向	操作形式	通道号
设定频率值	HED	设定值：单位为 0.01Hz	PLC ↓ 变频器	写操作	CH1 ↓ K1
设定运行状态	HFA	H1→停止运行			
		H2→正转运行			
		H4→反转运行			
		H8→低速运行			
		H10→中速运行			
		H20→高速运行			
		H40→点动运行			
设定运行模式	HFB	H0→网络控制			
		H1→外部控制			
		H2→PU 控制			

5.4　项目实训

实例 1　PLC 以开关量方式控制变频器运行程序设计　变频器的 3 段速控制

任务描述：PLC 以开关量方式控制变频器 3 段速运行，具体接线如图 5-14 所示。按下启动按钮，PLC 控制变频器先以 10Hz 频率正转运行；低速运行 10s 后，变频器改以 30Hz 频率运行；中速运行 10s 后，变频器改以 50Hz 频率运行；高速运行 10s 后，变频器改以 10Hz 频率运行。按下停止按钮，变频器停止运行。

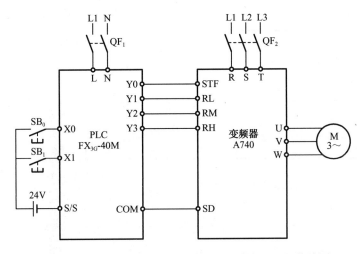

图 5-14　PLC 以开关量方式控制变频器 3 段速运行接线图

1. 输入/输出元件及其控制功能

本实例用到的输入/输出元件及其控制功能如表 5-7 所示。

表 5-7　实例 1 输入/输出元件及其控制功能

说　明	PLC 软元件	元件文字符号	元件名称	控制功能
输入	X0	SB₀	按钮	启动控制
	X1	SB₁	按钮	停止控制
输出	Y0	FWD	端子	正转控制
	Y1	RL	端子	低速控制
	Y2	RM	端子	中速控制
	Y3	RH	端子	高速控制

2. 控制程序设计

PLC 以开关量方式控制变频器 3 段速运行的程序如图 5-15 所示。

程序说明：

按下启动按钮 X0，PLC 执行[MOV　K3　K2Y000]指令，使 Y0 和 Y1 线圈得电，PLC 的 Y0 端子与变频器的 FWD 端子接通，PLC 的 Y1 端子与变频器的 RL 端子接通，变频器以 10Hz 频率低速正转运行。在 Y1 线圈得电期间，定时器 T0 开始计时，PLC 控制变频器低速运行。

当 T0 计时满 10s 时，T0 的常开触点变为常闭，PLC 执行[MOV　K5　K2Y000]指令，使 Y0 和 Y2 线圈得电，PLC 的 Y0 端子与变频器的 FWD 端子接通，PLC 的 Y2 端子与变频器的 RM 端子接通，变频器以 30Hz 频率中速正转运行。在 Y2 线圈得电期间，定时器 T1 开始计时，PLC 控制变频器中速运行。

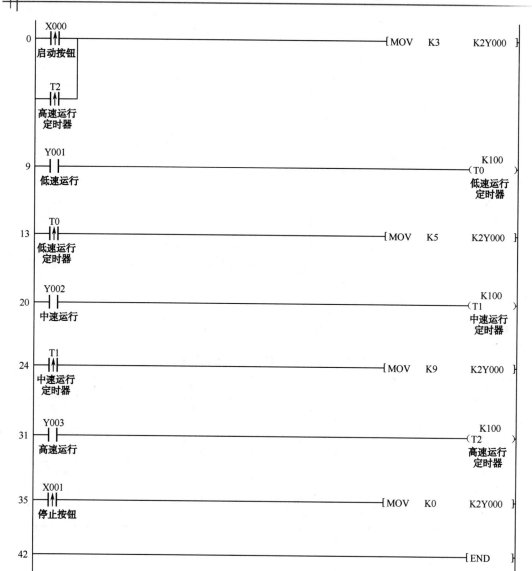

图 5-15　PLC 控制变频器 3 段速运行程序

当 T1 计时满 10s 时，T1 的常开触点变为常闭，PLC 执行[MOV　K9　K2Y000]指令，使 Y0 和 Y3 线圈得电，PLC 的 Y0 端子与变频器的 FWD 端子接通，PLC 的 Y3 端子与变频器的 RH 端子接通，变频器以 50Hz 频率高速正转运行。在 Y3 线圈得电期间，定时器 T2 开始计时，PLC 控制变频器高速运行。

当 T2 计时满 10s 时，T2 的常开触点变为常闭，PLC 执行[MOV　K3　K2Y000]指令，变频器以 10Hz 频率低速正转运行。

按下停止按钮 X1，PLC 执行[MOV　K0　K2Y000]指令，使 Y0～Y7 线圈失电，PLC 的 Y0 端子与变频器的 FWD 端子断开，PLC 的 Y1 端子、Y2 端子、Y3 端子分别与变频器的 RL 端子、RM 端子、RH 端子断开，PLC 控制变频器停止运行。

实例 2　PLC 以模拟量方式控制变频器运行程序设计

任务描述： PLC 以模拟量方式控制变频器增/减速运行，具体接线如图 5-16 所示。按下启动按钮，变频器从 25Hz 开始启动，然后运行频率逐渐增加。当运行频率增大到 50Hz 时，运行频率再重新变为 25Hz，如此循环往复工作。按下停止按钮，变频器停止运行。

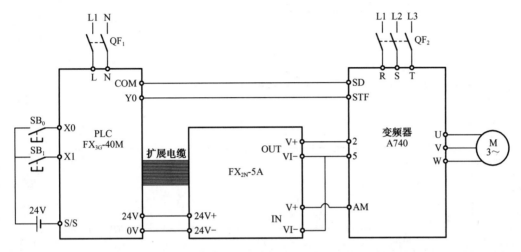

图 5-16　PLC 以模拟量方式控制变频器增减速运行接线图

1. 输入/输出元件及其控制功能

本实例用到的输入/输出元件及其控制功能如表 5-8 所示。

变频器的模拟量控制

表 5-8　实例 2 输入/输出元件及其控制功能

说　明	PLC 软元件	元件文字符号	元件名称	控制功能
输入	X0	SB$_0$	按钮	正转启动
	X1	SB$_1$	按钮	停止控制
输出	Y0	STF	端子	正转控制

2. 控制程序设计

PLC 以模拟量方式控制变频器增/减速运行的程序如图 5-17 所示。

程序说明：

PLC 上电以后，在 M8002 继电器驱动下，PLC 执行[TO　K0　K0　HFF0F　K1]指令，将输入通道字 HFFF0 写入模块的#0 单元，使输入通道 2 被开放，转换标准为#0；PLC 执行 [TO　K0　K1　HFFF0　K1]指令，将输出通道字 HFFF0 写入模块的#1 单元，使输出通道 1 被开放，转换标准为#0。PLC 执行[MOV　K16000　D0]指令，设定变频器的初始运行频率为 25Hz。

按下启动按钮 X0，PLC 执行[SET　Y000]指令，使 Y0 线圈得电，PLC 的 Y0 端子与变频器 FWD 端子接通，控制变频器正转输出。

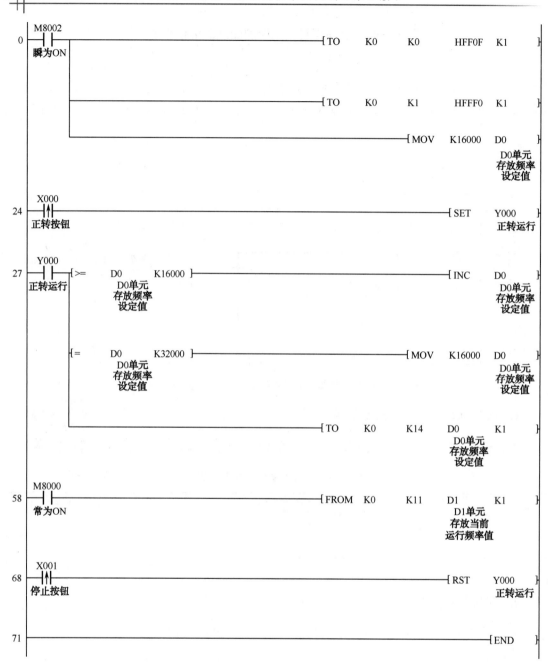

图 5-17　PLC 以模拟量方式控制变频器增/减速运行程序

在 Y0 线圈得电期间，PLC 执行[TO　K0　K14　D0　K1]指令，将 D0 单元中的数据写入模块的#14 单元中，目的是设定变频器的运行频率，使变频器按照设定频率正转。

在 Y0 线圈得电期间，PLC 执行[>=　D0　K16000]指令，如果（D0）>= K16000，则 PLC 执行[INC　D0]指令，使 D0 中的数据不断地加 1。

在 Y0 线圈得电期间，PLC 执行[=　D0　K32000]指令，如果（D0）= K32000，则 PLC 执行[MOV　K16000　D0]指令，系统重新设定变频器的运行频率为 25Hz。

在 M8000 继电器驱动下，PLC 执行[FROM　K0　K11　D1　K1]指令，将模块的#11 单元中的数据读到 D1 单元中，监视变频器的运行频率。

按下停止按钮 X1，PLC 执行[RST　Y000]指令，使 Y0 线圈失电，变频器输出方向控制被解除，变频器停止运行。

实例 3　PLC 以 RS-485 通信方式控制变频器运行程序设计

任务描述：PLC 以 RS-485 通信方式控制变频器正/反转运行，具体接线如图 5-18 所示。按下正转启动按钮，变频器以 20Hz 频率正转运行。按下反转启动按钮，变频器以 30Hz 频率反转运行。按下停止按钮，变频器停止运行。

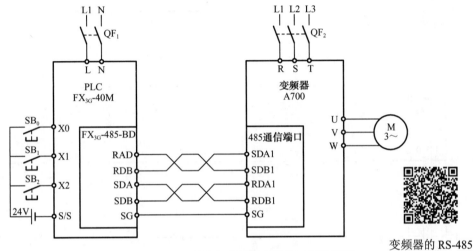

图 5-18　PLC 以 RS-485 通信方式控制变频器运行接线图

变频器的 RS-485
通信连接

1. 输入元件及其控制功能

本实例用到的输入元件及其控制功能如表 5-9 所示。

表 5-9　实例 3 输入元件及其控制功能

说　　明	PLC 软元件	元件文字符号	元 件 名 称	控 制 功 能
输入	X0	SB0	按钮	正转启动
	X1	SB1	按钮	反转启动
	X2	SB2	按钮	停止运行

2. 控制程序设计

PLC 以 RS-485 通信方式控制变频器正/反转运行的程序如图 5-19 所示。

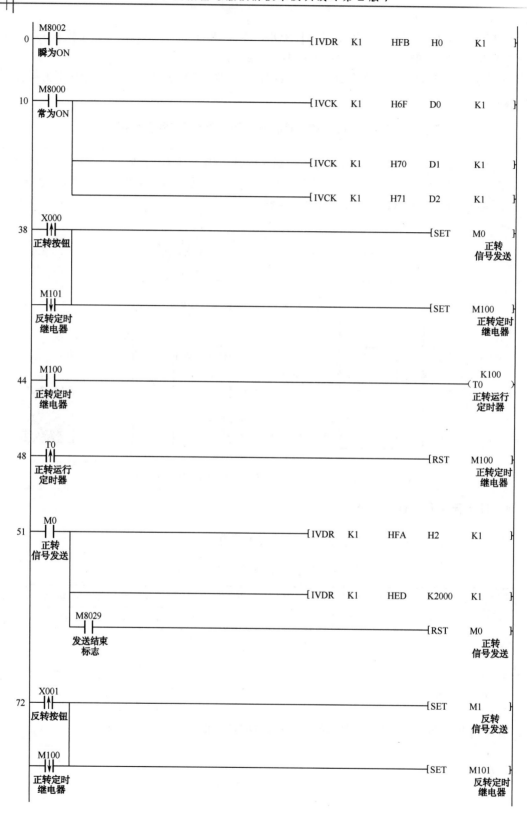

图 5-19　PLC 以 RS-485 通信方式控制变频器正/反转运行程序

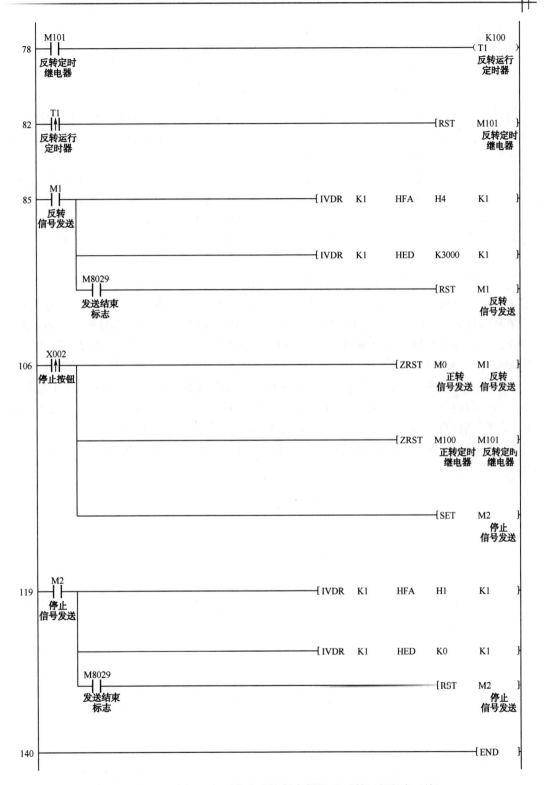

图 5-19　PLC 以 RS-485 通信方式控制变频器正/反转运行程序（续）

程序说明：

PLC 上电以后，在 M8002 继电器驱动下，PLC 执行[IVDR K1 HFB H0 K1]指令，设置 1 号变频器运行模式为通信控制。

在 M8000 继电器驱动下，PLC 执行[IVCK K1 H6F D0 K1]指令，监视 1 号变频器的运行频率，将该参数值存储在 D0 单元中；PLC 执行[IVCK K1 H70 D1 K1]指令，监视 1 号变频器的运行电流，将该参数值存储在 D1 单元中；PLC 执行[IVCK K1 H71 D2 K1]指令，监视 1 号变频器的运行电压，将该参数值存储在 D2 单元中。

按下正转启动按钮 X0，PLC 执行[SET M0]指令，使 M0 线圈得电，正转控制信号开始发送。在 M0 线圈得电期间，PLC 执行[IVDR K1 HFA H2 K1]指令，设定 1 号变频器运行方向为正转；PLC 执行[IVDR K1 HED K2000 K1]指令，设定 1 号变频器运行频率为 20Hz。当 M8029 常开触点瞬间闭合时，PLC 执行[RST M0]指令，使 M0 线圈失电，正转控制信号发送过程结束。

按下反转启动按钮 X1，PLC 执行[SET M1]指令，使 M1 线圈得电，反转控制信号开始发送。在 M1 线圈得电期间，PLC 执行[IVDR K1 HFA H4 K1]指令，设定 1 号变频器运行方向为反转；PLC 执行[IVDR K1 HED K3000 K1]指令，设定 1 号变频器运行频率为 30Hz。当 M8029 常开触点瞬间闭合时，PLC 执行[RST M1]指令，使 M1 线圈失电，反转控制信号发送过程结束。

按下停止按钮 X2，PLC 执行[SET M2]指令，使 M2 线圈得电，停止控制信号开始发送。在 M2 线圈得电期间，PLC 执行[IVDR K1 HFA H1 K1]指令，设定 1 号变频器停止运行；PLC 执行[IVDR K1 HED K0 K1]指令，设定 1 号变频器运行频率为 0Hz。当 M8029 常开触点瞬间闭合时，PLC 执行[RST M2]指令，使 M2 线圈失电，停止控制信号发送过程结束。

项目 6 组态应用技术

 知识要求

（1）了解人机界面的定义、特点及分类。

（2）了解触摸屏的原理、功能及特点。

（3）熟悉三菱 GT Designer3 组态软件的系统构成。

（4）掌握三菱 GT Designer3 组态软件的使用方法。

（5）掌握三菱 GT Designer3 组态工程的构建方法。

（6）掌握三菱 GT Designer3 组态软件模拟运行及联机运行的方法。

 技能要求

（1）能够熟练使用三菱触摸屏。

（2）会建立三菱 GT Designer3 组态工程。

（3）能够编写脚本程序，实现生动逼真的动画效果。

（4）能够熟练运行三菱 GT Designer3 组态工程，实时监控实际生产过程。

 项目分析

触摸屏是一种图视化的人机交互设备，它既可以监视自动控制系统的当前状态，又可以控制自动控制系统的运行。触摸屏具有简单易用、功能强大和性能稳定等特点，非常适合在生产线监控、物流自动分拣和天车升降等工业场合使用。

本项目主要介绍人机界面的定义、特点及分类，触摸屏的原理、功能及特点，GT Designer3 软件的功能及操作过程，并以三菱 GS2107-WTBD 机型为例构建组态监控系统。

6.1　人机界面

1. 人机界面定义

人机界面又称人机接口，其英文全称为 Human Machine Interface，简称 HMI。从广义上来说，HMI 泛指计算机与操作人员交换信息的设备。在控制领域，HMI 一般指在操作人员与控制系统之间用于对话和相互作用的专用设备。

人机界面是按工业现场环境应用设计的，是操作人员与 PLC 之间双向沟通的桥梁，用于显示 PLC 的 I/O 状态和各种系统信息，接收操作人员发出的各种命令和设置参数，并将它们传送到 PLC。

2. 人机界面类型

人机界面有文本显示器（Text Display）、操作面板（Operator Panel）和触摸屏（Touch Panel）3 种类型。

（1）文本显示器。文本显示器又称终端显示器，其外形如图 6-1 所示。文本显示器是一种单纯以文字呈现的人机互动系统，它将需要控制的内容编写成相应的程序，最终在文本显示器的界面上显示出来。文本显示器是一种廉价的单色操作界面，利用简单的键盘输入参数，一般只能显示几行数字、字母、符号和文字。其缺点是由于屏幕显示范围小，查找和设置参数时需要进行比较烦琐的操作。

（2）操作面板。操作面板的外形如图 6-2 所示，它的工作原理与文本显示器相似，但操作面板的显示屏较大，面板上的按键也较多，从而简化了查找和设置参数的操作步骤。

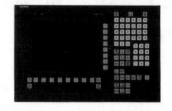

图 6-1　文本显示器　　　　　　　　　　图 6-2　操作面板

（3）触摸屏。触摸屏又称触控屏或触控面板，其外形如图 6-3 所示，它是一种可以接收触点等输入信号的感应式液晶显示装置，当操作人员接触屏幕上的图形按钮时，屏幕上的触觉反馈系统可根据预先编写的程序驱动各种连接装置，并由液晶显示屏产生生动的画面。触摸屏是目前最简单、方便、自然的人机交互设备，它赋予多媒体一个崭新的面貌，是极富吸引力的全新多媒体交互设备。

3. 人机界面特点

人机界面有以下几个特点。

（1）在人机界面上可以动态显示过程数据。

图 6-3　触摸屏

（2）操作员可以通过图形界面控制生产过程，如操作员可以用触摸屏上的输入域来修改系统参数，或用画面上的按钮来启动电动机等。

（3）当生产过程处于临界状态时会自动触发报警，如当电量超出设定值时，人机界面会产生报警信号。

（4）可以顺序记录过程值和报警信息，用户可以随时检索过往生产数据。

（5）人机界面将过程和设备的参数存储在配方中，可以一次性地将这些参数从人机界面下载到 PLC，以便改变产品的品种。

（6）人机界面配备多个通信接口，可以使用各种通信接口和通信协议，通信接口的个数和种类与人机界面的型号有关。使用最多的是 RS-232C 和 RS-422/485 串行通信接口，有的人机界面配有 USB 或以太网接口，有的可以通过调制解调器进行远程通信，有的人机界面还可以实现一台触摸屏与多台 PLC 通信，或多台触摸屏与一台 PLC 通信。

6.2　触摸屏

1. 触摸屏的工作原理

触摸屏具有一套独立的坐标定位系统，每一个触摸的位置都可以转换成屏幕上的坐标。触摸屏由显示屏幕、触摸检测软件和触摸屏控制器组成。触摸检测软件安装在显示屏幕的表面，用于检测用户的触摸位置，再将该处的检测信息传送到触摸屏控制器。触摸屏控制器将接收到的触摸信息转换成触摸坐标，并通过通信电缆将信号传送给 PLC 的 CPU 单元，同时 PLC 中的相关信息也可由 CPU 单元经通信电缆传送到触摸屏控制器，在屏幕上以数字、文字或图形的方式显示出来。

2. 触摸屏的分类

根据触摸屏的工作原理不同，可将触摸屏分为电阻式、红外线式、电容式和表面声波式 4 种类型。工业控制系统中使用的触摸屏大多为电阻式触摸屏。

电阻式触摸屏的屏体部分是一块与显示器表面相匹配的多层复合薄膜，由一层玻璃或有机玻璃作为基层，表面涂有一层透明导电层，在两层导电层之间有许多细小的透明隔离点把它们隔开绝缘。当手指触摸屏幕时，平常相互绝缘的两层导电层就在触摸点位置有了接触，因其中一面导电层接通 Y 轴方向的 5V 均匀电压场，使得该点的电压由零变为非零，控制器侦测到这个接通后，进行 A/D 转换，并将得到的电压值与 5V 相比较，即可得到触摸点的 Y 轴坐标，同理可得出 X 轴的坐标。

电阻式触摸屏根据引出线的数量不同可分为 4 线、5 线、6 线等多线触摸屏。第三代电阻式触摸屏的模式硬度大于 4，透光率为 90%，防水、防尘、防火及防反光性能均良好。选用触摸屏时需要了解显示屏的面积、分辨率、色彩、对比度及接口等。

3. 触摸屏的功能

触摸屏的主要功能有以下几个方面。

（1）画面显示功能。

触摸屏的画面分两种，分别是系统画面和用户画面，其中系统画面是机器自动生成的系统检测及报警类的监控画面，具有监视功能、数据采集功能、报警功能等，是触摸屏制造商设计的，这类画面是使用者不能修改的；用户画面是用户根据具体的控制要求设计制作的画面，可以单独显示，也可以重合显示或自由切换，画面上可以显示文字、图形、图表，还可以设定数据、显示日期和时间等。

（2）画面操作功能。

实际使用时，操作者可以通过触摸屏上的操作键来切换 PLC 的元件，也可以通过键盘输入或更改 PLC 元件的数据，还可以作为编程器对与其连接的 PLC 进行程序的修改、编辑及软元件的监视等。

（3）检测监视功能。

触摸屏可以进行用户画面显示，操作者可以通过画面监视 PLC 位元件的状态及数据寄存器中的数据，并可对位元件执行强制 ON/OFF 状态，可以对数据文件的数据进行编辑，还可以进行触摸键的测试和画面的切换等操作。

（4）数据采样功能。

触摸屏可以设定采样周期，记录指定的数据寄存器的当前值，通过设定采样条件，将收集到的数据以清单或图表的形式显示或打印。

（5）报警功能。

触摸屏可以指定 PLC 的元件（X、Y、M、S、T、C）与报警信息相对应，通过这些元件的 ON/OFF 状态给出报警信息，最多可以记录 1000 个报警信息。

（6）其他功能。

触摸屏具有开关设定、数据传送、打印输出、关键字设定、动作模式设定等功能，在动作模式设定中可以设定系统语言、连接 PLC 的类型、串行通信参数、标题画面、主菜单调用、当前日期和时间等。

6.3 三菱电机人机界面 GOT

GOT（Graphic Operation Terminal，图形操作终端设备）是由三菱电机株式会社研发、生产、销售的知名触摸屏品牌之一，目前广泛应用于机械、纺织、电气、包装、化工等行业。

1. 规格和性能

目前，市面上比较常用的三菱电机人机界面产品有 GOT 1000 系列、GOT 2000 系列、GOT SIMPLE 系列和 GT SoftGOT 系列。

（1）GOT 1000 系列。

GOT 1000 系列分为 GT16、GT15、GT14、GT12、GT11 和 GT10 多种型号，其中 GT10 为超小机型；GT11、GT12 和 GT14 为基本功能机型；GT15 和 GT16 为高性能机型。该系列机型具有透明传输功能，当 GOT 与三菱机型 PLC 连接时，可通过 GOT 进行程序的读取、写入及监控。

（2）GOT 2000 系列。

GOT 2000 系列分为 GT27、GT25 和 GT23 3 种型号。GT27 是搭载多点触摸手势功能的最高等级型号产品，有 15 英寸、12.1 英寸、10.4 英寸、8.4 英寸、5.7 英寸 6 种尺寸，配有 TFT65536 色的彩色液晶屏，如图 6-4 所示。

GT25 是高性能低价位的中端型号产品，有 12.1 英寸、10.4 英寸、8.4 英寸 3 种尺寸，配有 TFT65536 色的彩色液晶屏。它可以通过 USB 接口与计算机连接，进行编程、启动和调整等操作，省去了打开控制柜、更换电缆的麻烦，如图 6-5 所示。

图 6-4　GT27 型号触摸屏

图 6-5　通过 USB 接口与计算机连接

GT23 是高性能低价位的中端型号产品，有 10.4 英寸和 8.4 英寸两种尺寸，配有 TFT65536 色的彩色液晶屏。它具有系统桌面启动器功能，可以使用户轻松掌握可编程控制器系统的状态。此外，用户可以通过系统配置图轻松确认模块状态，触摸任意一个模块均可启动其对应的扩展功能，便于进行系统维护，如图 6-6 所示。

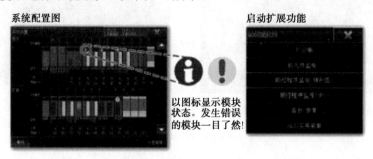

图 6-6　系统配置图控制

GT21 是标准型号产品，采用紧凑型机身设计，配有 4.3 英寸、高分辨率、TFT65536 色的彩色液晶屏。

（3）GOT SIMPLE 系列。

GOT SIMPLE 系列是简洁机型产品，有 7 英寸和 10 英寸两种尺寸，屏幕可以竖直显示，如图 6-7 所示，配有 TFT65536 色彩色液晶屏。它可以利用存储卡启动，如图 6-8 所示，便于 GOT simple 的更换和维护。

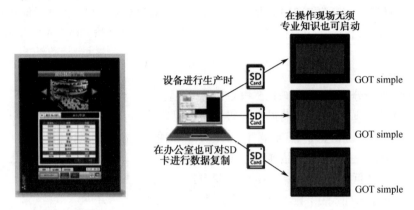

图 6-7　竖直显示　　　　　　　图 6-8　存储卡启动

（4）GT SoftGOT 系列。

GT SoftGOT 系列有 GT SoftGOT 2000 和 GT SoftGOT 1000 两种产品。GT SoftGOT 系列可以将办公的计算机和平板电脑作为 GOT 使用，实现与 GOT 2000 系列、GOT 1000 系列相同的监视效果。该系列产品在使用时需要安装许可密钥。

2. 外形结构

GS2107-WTBD 是 GOT SIMPLE 系列中的一款嵌入式一体化触摸屏，具有结构坚固紧凑、触摸操作方便安全、外观简约时尚等特点，其外形结构如图 6-9 所示。它的外形尺寸为 205mm×155mm，配有 7 英寸液晶屏，内置 9MB 容量快闪卡。

（a）正面　　　　　　　　　　　　　　　（b）背面

图 6-9　GS2107-WTBD 的外形结构

GS2107-WTBD 触摸屏采用 24V 直流电源供电，电源插头如图 6-10 所示，右侧引脚为接地端，中间引脚为正端，左侧引脚为负端。GS2107-WTBD 触摸屏提供了以太网、RS-432、RS-422、USB、SD 卡 5 个内置接口，其中以太网接口为 RJ-45 接口，其作用是连接通信设备和网关，与计算机连接完成软件包数据上传/下载等功能；RS-422 接口为 D-Sub 9 针母头，其作用是连接通信设备；RS-432 接口为 D-Sub 9 针公头，其作用是连接通信设备和条形阅读器，与计算机连接完成软件包数据上传/下载等功能；USB 接口为 Mini-B 型接口，其作用是与计算机连接完成软件包数据上传/下载等功能；SD 卡支持 SDHC 存储卡和 SD 存储卡，可完成数据包上传/下载、日志数据保存等功能。

图 6-10　电源插头

6.4　三菱触摸屏软件 GT Designer3

GT Designer3 是与 GOT 2000 系列和 GOT 1000 系列人机界面配用的画面创建软件，可以实现工程创建、工程模拟、数据传送等功能。

用户可登录产品官网，下载人机界面文件，按提示操作即可，安装结束后，桌面上会出现如图 6-11 所示的图标，GT Designer3 是创建人机界面工程的软件图标；GT Simulator3 是仿真调试和监控 PLC 的软件图标。

图 6-11　GT Designer3 图标

1. 软件功能

GT Designer3 软件从使用者的立场考虑，主要提供以下功能。

（1）适用于 GOT 1000 系列、GOT 2000 系列和 GS 系列触摸屏。

（2）支持微缩显示，可以将想要编辑的画面一起选中，从而提高工作效率。

（3）具备与 PLC 编程软件联合调试的功能。

（4）支持直接与 PLC 连接进行仿真运行。

2. 用户操作界面

GT Designer3 软件的界面如图 6-12 所示，该界面由标题栏、菜单栏、工具栏、折叠窗口、编辑器页、工作窗口、画面编辑器和状态栏等部分组成。

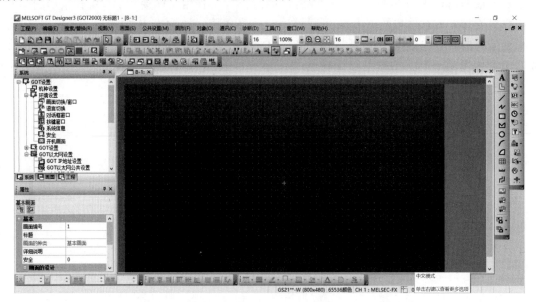

图 6-12　GT Designer3 软件的界面

（1）标题栏。

标题栏用于显示软件名、工程名或带完整路径的文件名，例如，存在 D 盘的"电动机正反转控制系统"工程打开后，标题栏的显示如图 6-13 所示。

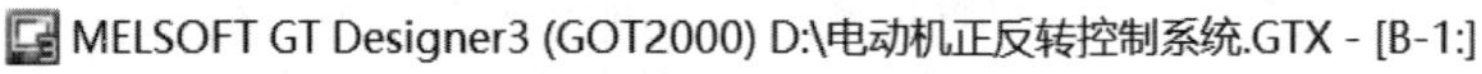

MELSOFT GT Designer3 (GOT2000) D:\电动机正反转控制系统.GTX - [B-1:]

图 6-13　标题栏

（2）菜单栏。

菜单栏包含"工程""编辑""搜索/替换""视图""画面""公共设置""图形""对象""通信""诊断""工具""窗口""帮助"等菜单项，如图 6-14 所示。每个菜单项以下拉菜单形式显示各种操作命令，用户可以用鼠标或快捷键执行相关操作。

工程(P)　编辑(E)　搜索/替换(R)　视图(V)　画面(S)　公共设置(M)　图形(F)　对象(O)　通信(C)　诊断(D)　工具(T)　窗口(W)　帮助(H)

图 6-14　菜单栏

（3）工具栏。

GT Designer3 软件中有 15 种工具条，包括标准工具条、窗口显示工具条、显示工具条、画面工具条、编辑工具条、图形工具条、对象工具条、排列工具条、图形绘制工具条、通信工具条、诊断工具条、模拟器工具条、报表工具条、坐标·尺寸工具条和收藏夹工具条，这些工具条可以通过图 6-15 所示的"视图"菜单项→"工具栏"菜单项切换，由用户自行选择是否在 GT Designer3 的界面中显示。

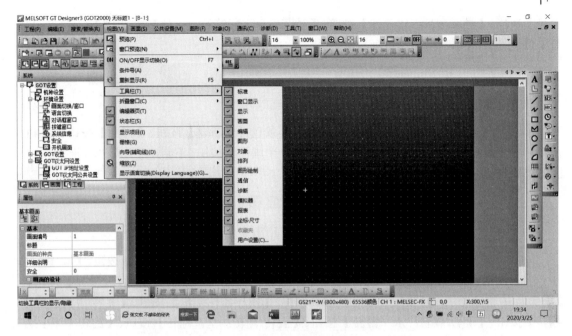

图 6-15　选择工具栏

① 标准工具条。如图 6-16 所示，标准工具条包括【新建】按钮、【引用创建】按钮、【打开】按钮、【保存】按钮、【剪切】按钮、【复制】按钮、【粘贴】按钮、【撤销】按钮、【恢复】按钮、【图形·对象的选择】按钮和【GT Designer3 帮助】按钮，当将鼠标移至某个按钮时，就会显示该按钮的名称、功能及操作快捷键。

图 6-16　标准工具条

② 窗口显示工具条。如图 6-17 所示，窗口显示工具条包括【折叠窗口：工程树状结构】按钮、【折叠窗口：画面树状结构】按钮、【折叠窗口：系统树状结构】按钮、【折叠窗口：数据浏览器】按钮、【折叠窗口：属性表】按钮、【折叠窗口：库一览表】按钮、【折叠窗口：库一览表（模板）】按钮、【折叠窗口：数据一览表】按钮、【折叠窗口：引用创建（画面）】按钮、【折叠窗口：数据检查一览表】按钮、【折叠窗口：输出】按钮、【折叠窗口：校验结果】按钮、【GOT 机种设置】按钮、【GOT 环境设置：画面切换/窗口】按钮、【GOT 基本设置：显示设置/语言设置】按钮、【GOT 以太网设置】按钮、【连接机器设置】按钮、【标签：打开】按钮、【注释：打开】按钮、【折叠窗口：软元件搜索】按钮、【软元件使用一览表：画面】按钮和【字符串使用一览表】按钮。

图 6-17　窗口显示工具条

③ 显示工具条。如图 6-18 所示，显示工具条包括移动量设置、缩放比例设置、【放大显示】按钮、【缩小显示】按钮、【显示全部】按钮、【栅格间距】设置、【栅格颜色】设置、【显示 ON 状态】按钮、【显示 OFF 状态】按钮、【前一个条件】按钮、【下一个条件】按钮、【条

件号】选择、【显示项目：软元件】按钮、【显示项目：标签的软元件】按钮、【显示项目：对
象 ID】按钮和【语言切换预览列号】。

图 6-18　显示工具条

④ 画面工具条。如图 6-19 所示，画面工具条包括【新建】按钮、【打开】按钮、【画面
图像一览表】按钮、【上一个画面】按钮、【下一个画面】按钮、【也打开关闭的画面】按钮、
【画面背景色】按钮以及【预览】按钮。

图 6-19　画面工具条

⑤ 编辑工具条。如图 6-20 所示，编辑工具条包括【顺序：上移一层】按钮、【顺序：下
移一层】按钮、【组合】按钮、【取消组合】按钮、【登录模板/删除登录：登录模板】按钮、
【登录模板/删除登录：从模板中删除登录】按钮、【模板属性编辑】按钮、【旋转/翻转：水平
翻转】按钮、【旋转/翻转：水平翻转】按钮、【旋转/翻转：垂直翻转】按钮、【旋转/翻转：左
90°旋转】按钮、【旋转/翻转：右 90°旋转】按钮、【编辑顶点】按钮、【排列：自定义】按钮、
【选择对象：图形】按钮、【选择对象：图形+对象】按钮及【选择对象：画面调用】按钮。

图 6-20　编辑工具条

⑥ 图形工具条。如图 6-21 所示，图形工具条包括【文本】按钮、【艺术字】按钮、【直
线】按钮、【折线】按钮、【矩形】按钮、【多边形】按钮、【圆形】按钮、【圆弧】按钮、【扇
形】按钮、【表】按钮、【刻度】按钮、【配管】按钮、【涂刷】按钮、【图像数据导入】按钮、
【DXF 数据导入】按钮、【IGES 数据导入】按钮及【截图：矩形范围指定】按钮。

图 6-21　图形工具条

⑦ 对象工具条。如图 6-22 所示，对象工具条包括【开关】按钮、【指示灯】按钮）【数
值显示/输入】按钮、【字符串显示/输入】按钮、【日期/时间显示】按钮、【注释显示】按钮、
【部件显示】按钮、【报警显示】按钮、【配方显示（记录一览表）】按钮、【图表】按钮、【精
美仪表】按钮及【滑杆】按钮。

图 6-22　对象工具条

⑧ 排列工具条。如图 6-23 所示，排列工具条包括【排列：左对齐】按钮、【排列：居中
（左右）】按钮、【排列：右对齐】按钮、【排列：上对齐】按钮、【排列：居中（上下）】按钮、
【排列：下对齐】按钮、【排列：横向均等排列】按钮、【排列：纵向均等排列】按钮及【排列：
自定义】按钮。

图 6-23　排列工具条

⑨ 图形绘制工具条。如图 6-24 所示，图形绘制工具条包括【线型】按钮、【线宽】按钮、【线条颜色】按钮、【填充图样】按钮、【图形色】按钮、【背景色】按钮、【文本颜色】按钮、【文本类型】按钮及【文本阴影色】按钮。

图 6-24　图形绘制工具条

⑩ 通信工具条。如图 6-25 所示，通信工具条包括【写入到 GOT】按钮、【读取 GOT】按钮、【与 GOT 的校验】按钮、【通信设置】按钮及【批量写入到多个 GOT】按钮（GT2105-Q 不支持该操作）。

图 6-25　通信工具条 　　　图 6-26　诊断工具条 　　　图 6-27　模拟器工具条

⑪ 诊断工具条。诊断工具条如图 6-26 所示，该工具条只有【GOT 诊断】按钮，用于显示 GOT 的错误信息。

⑫ 模拟器工具条。在对 GT Designer3 软件进行模拟运行时，需要使用模拟器工具条，如图 6-27 所示，该工具条包括模拟【启动】按钮、【更新】按钮、【设置】按钮和【结束】按钮。

⑬ 报表工具条。报表工具条必须在报表窗口中使用，在新建报表之后，即可对报表进行编辑。如图 6-28 所示，报表工具条包括【直线】按钮、【文本】按钮、【打印：数值打印】按钮、【打印：字符串打印】按钮、【打印：注释打印（位）】按钮、【打印：注释打印（字）】按钮、【设置为页眉行】按钮、【设置为页脚行】按钮、【设置为重复行】按钮及【选择对象：报表行】按钮。

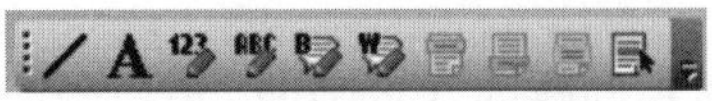

图 6-28　报表工具条

⑭ 坐标·尺寸工具条。坐标·尺寸工具条如图 6-29 所示，工具条上以点为单位依次显示选中图形（或对象）的左上角 X 坐标、Y 坐标，显示选中图形（或对象）的宽度和高度，也可以直接输入数据调整选中图形（或对象）的位置。

图 6-29　坐标·尺寸工具条

⑮ 收藏夹工具条。只能在【库】窗口中显示收藏夹中登录的图形和对象。

（4）工作窗口。

如图 6-30 所示，工作窗口显示画面编辑器内已打开的窗口，包括画面编辑器、【环境设置】窗口、【GOT 设置】窗口、【连接机器设置】窗口、【注释一览表】窗口、【软元件使用一览表】窗口和【字符串使用一览表】窗口。

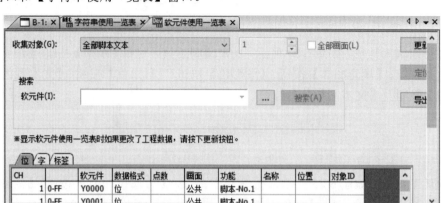

图 6-30 工作窗口

（5）编辑器。

如图 6-31 所示，编辑器显示工作窗口中的画面编辑器或窗口。当系统中有多个窗口显示时，若选择某一窗口，则该窗口显示在工作窗口的最前方。

图 6-31 编辑器

（6）折叠窗口。

如图 6-32 所示，折叠窗口采用树形结构，其显示内容简明易懂，包含系统窗口、画面窗口和工程窗口 3 部分。

① 系统窗口。系统窗口中显示 GOT 设置、连接机器设置和周边机器设置 3 个分支，每个分支里包含具体的设置。例如，GOT 设置分支里有机种设置、环境设置、GOT 设置和 GOT 以太网设置。

② 画面窗口。画面窗口中显示创建的基本画面、窗口画面、报表画面和移动画面 4 个分支，在每个分支下都有新建分支，可以方便地建立各种画面，操作简单。

图 6-32 折叠窗口

③ 工程窗口。工程窗口会显示全工程设置的一览表，包括工程、标签、注释、报警、日志、配方、脚本、软元件数据传送、部件和声音等 10 个分支，每个分支里包括细致的选项，可以根据要求进行设置。

（7）状态栏。

状态栏可以根据鼠标光标的位置或鼠标选中的图形、对象显示相关内容。例如，当鼠标光标在画面中且没有选中图形或对象时，状态栏显示正在编辑工程的 GOT 机种、颜色、连接机器及鼠标光标位置，如图 6-33（a）所示；当用鼠标选中滑杆对象时，状态栏显示所选对象名称、正在编辑工程的 GOT 机种、颜色、连接机器、对象坐标及对象尺寸，如图 6-33（b）所示。

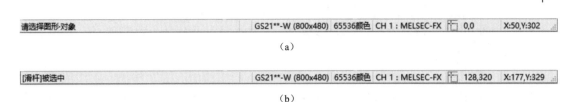

图 6-33　状态栏

6.5　项目实训

实例 1　电动机正反转控制系统组态设计

任务描述：用三菱组态软件构建一个电动机正反转控制系统，组态画面如图 6-34 所示，用于实时监控电动机的工作情况。当按下正转启动按钮时，电动机开始正向连续运行，当按下反转启动按钮时，电动机开始反向连续运行；当按下停止按钮时，电动机停止运行。

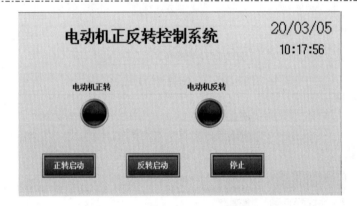

图 6-34　电动机正反转控制系统的组态画面

1. 输入/输出元件及其控制功能

电动机正反转运行控制系统的 I/O 地址分配见表 6-1。

表 6-1　电动机正反转控制系统的 I/O 地址分配

输入地址		输出地址	
设 备 名 称	输入点编号	设 备 名 称	输出点编号
正转按钮	X0	正转接触器	Y0
反转按钮	X1	反转接触器	Y1
停止按钮	X2		

2. 控制程序设计

PLC 控制电动机正反转运行的梯形图如图 6-35 所示，将梯形图程序下载到 PLC 中。

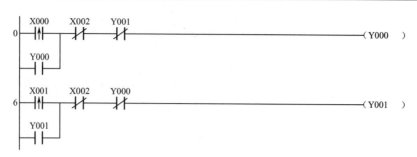

图 6-35 电动机正反转运行梯形图

3. 建立电动机正反转运行控制系统工程

双击三菱 GT Designer3 图标，启动组态软件，弹出"工程选择"对话框，如图 6-36 所示，单击【新建】按钮，显示"新建工程向导"对话框，如图 6-37 所示。

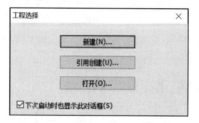

新建工程

图 6-36 "工程选择"对话框

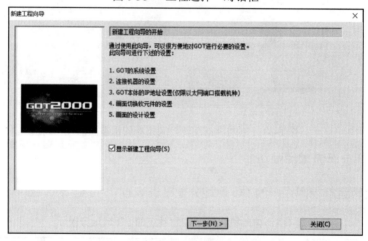

图 6-37 "新建工程向导"对话框

单击【下一步】按钮，进入"GOT 系统设置"对话框。如图 6-38 所示，根据触摸屏的型号在系列栏下拉菜单中选择"GS 系列"，在机种栏中会自动显示对应的型号；根据工程需要可以选择触摸屏使用方向，即横向或纵向。如果触摸屏为 GOT 1000 系列或 GOT 2000 系列，则需要在机种栏中选择具体型号。

GOT 系统设置完成后，单击【下一步】按钮，进入"GOT 系统设置确认"对话框，核对信息正确后，单击【下一步】按钮，进入"连接机器设置"对话框，如图 6-39 所示。在该对话框的两个下拉框中分别选择制造商（PLC 的生产厂家，本例为三菱电机）和机种（PLC 的型号，本例为 MELSEC-FX）。

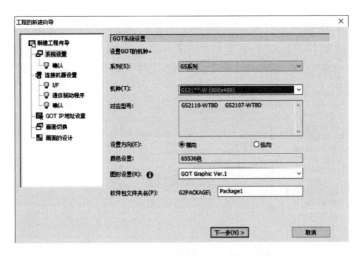

图 6-38 "GOT 系统设置"对话框

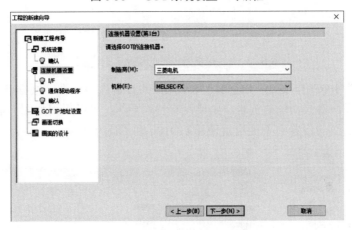

图 6-39 "连接机器设置"对话框

单击【下一步】按钮，显示连接机器设置的 I/F 设置，如图 6-40 所示。本例根据设备的通信方式选择标准 RS-422/485 接口。

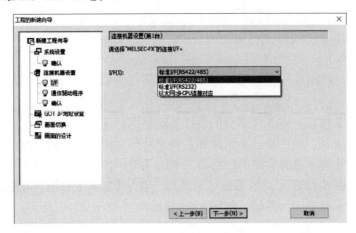

图 6-40 "I/F 设置"对话框

单击【下一步】按钮，进行通信驱动程序设置，选择 GOT 与工业设备通信驱动程序，这由前面选择的连接机器决定。单击【下一步】按钮，弹出"连接机器设置的确认"对话框，如图 6-41 所示。如果触摸屏连接的设备不止一台，则可以单击【追加】按钮继续设置。

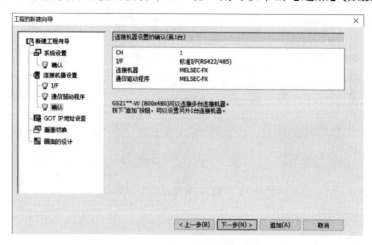

图 6-41 "连接机器设置的确认"对话框

单击【下一步】按钮，进入"画面切换软元件的设置"对话框，根据需要可以设置切换基本画面和重叠画面等画面的软元件，如果没有特殊要求，可以采用如图 6-42 所示的初始设置，但要注意在后面的设置中不能重复使用 GD100 和 GD101。

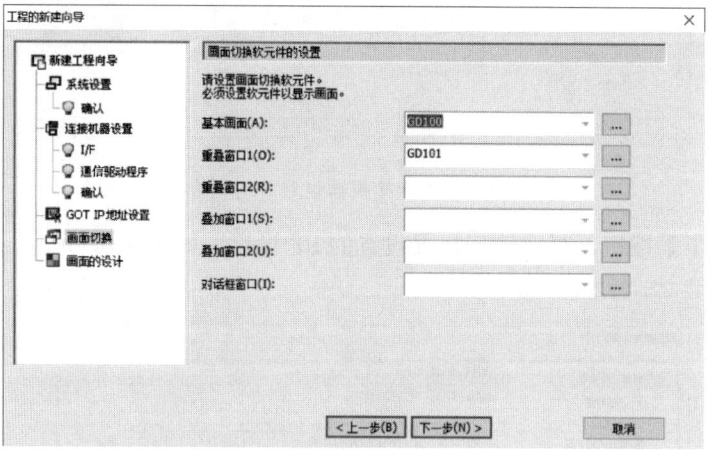

图 6-42 "画面切换软元件的设置"对话框

单击【下一步】按钮，进入"画面的设计"对话框，选择画面的底色，如图 6-43 所示。系统提供了基本、现代、暗色调、亮色调和古典 5 种画面类型，每种类型包含黑、灰、蓝和绿 4 种颜色供用户选择。选择合适的底色后，单击【下一步】按钮，弹出"系统环境设置的确认"对话框，如图 6-44 所示。信息核对无误后，单击【结束】按钮，完成新建一个组态工程的过程，此时进入新建工程界面，如图 6-45 所示。

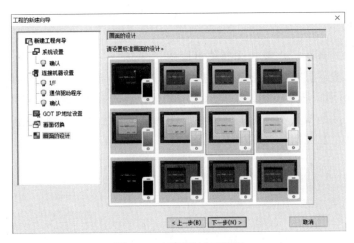

图 6-43 画面设计对话框

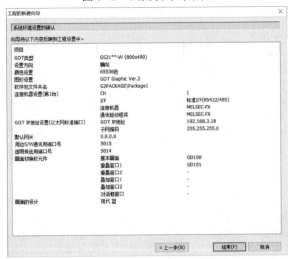

图 6-44 "系统环境设置的确认"对话框

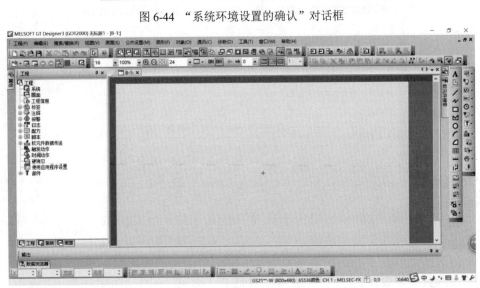

图 6-45 新建工程界面

4．制作画面

单击工具栏中的 **A** 图标，或者选择菜单栏中"图形"→"文本"命令，当鼠标的光标变为"十"字形时，按住鼠标左键在窗口的任意位置单击，画面编辑器中将弹出"文本"对话框，如图 6-46 所示，在字符串栏中输入"电动机正反转控制系统"，将文本尺寸设为 2×2，也可以在画面中直接拖拽文本修改字体大小；选择文本颜色为暗蓝色，粗体；其他项采用默认设置，单击【确定】按钮，完成标题创建工作，如图 6-47 所示。

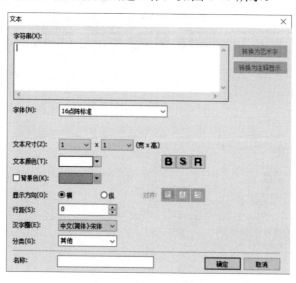

图 6-46　"文本"对话框

图 6-47　工程标题

单击工具栏中的 ⏰ 图标，或者在菜单栏中选择"对象"→"日期/时间显示"命令，当鼠标的光标变为"十"字形时，按住鼠标左键在窗口右上角拖拽出一个矩形用于显示日期，双击矩形框，出现"日期显示"对话框，如图 6-48 所示。种类项选择"日期"，根据需要选择日期的显示格式，包括字体、文本尺寸、文本颜色、日期格式（如图 6-49 所示）等。单击【确定】按钮后，在画面编辑器中即可显示日期。

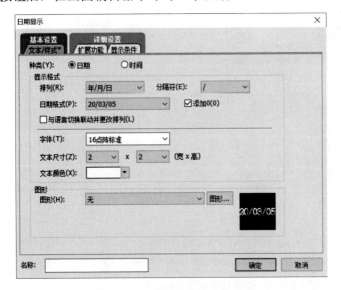

图 6-48　"日期显示"对话框　　　　　　　图 6-49　日期格式

同样，在"日期显示"对话框中种类栏选择"时间"，根据需要选择时间的显示格式，包括字体、文本尺寸、文本颜色、时间格式（如图 6-50 所示）等。注意，时钟显示功能是由 GOT 的时钟功能来管理的，是以 GOT 时钟数据的时间为基准的，即使 GOT 的电源关断，时钟数据也能运行。

单击工具栏中的  图标，或者在菜单栏中选择"对象"→"指示灯"→"位指示灯"命令，当鼠标的光标变为"十"字形时，按住鼠标左键在窗口右上角拖拽出一个圆形指示灯，可以通过鼠标拖拽改变指示灯的尺寸，也可以在窗口下面的数据浏览器中修改宽度和高度重新设置指示灯的尺寸，如图 6-51 所示。

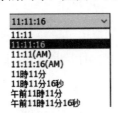

图 6-50　时间格式　　　　　　图 6-51　数据浏览器栏

双击指示灯，弹出"位指示灯"对话框，如图 6-52 所示。单击对话框中的 ⋯ 按钮，选择指示灯对应的软元件，可以使用 PLC 中的软元件，如 X000，如图 6-53 所示，也可以使用 GOT 中的软元件，如 GB0。由电动机正反转控制系统 I/O 地址分配表可知，电动机正转指示灯的软元件为 PLC 的输出继电器 Y000，在 GOT 中设置为 Y0000。指示灯显示分为 OFF 状态和 ON 状态两种，可以分别设置显示图形和图形颜色，本例采用圆形指示灯，图形颜色为绿色。最后，在指示灯的上面用文本制作指示灯标题"电动机正转"，如图 6-54 所示。

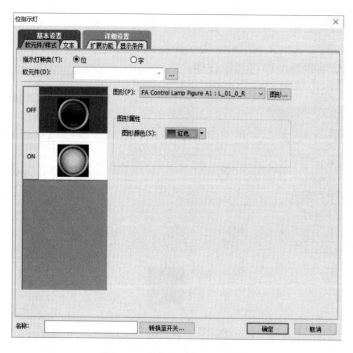

图 6-52 "位指示灯"对话框

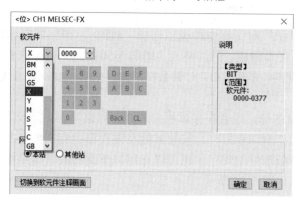

图 6-53 设置软元件

采用同样的方法制作电动机反转指示灯及其文本标题，软元件选择 PLC 的输出继电器 Y001，在 GOT 中设置为 Y0001，如图 6-54 所示。

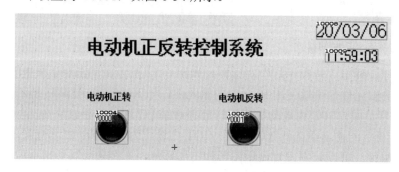

图 6-54 指示灯及标题画面

　　单击工具栏中的 图标，或在菜单中选择"对象"→"开关"→"位开关"命令，当鼠标的光标变为"十"字形时，按住鼠标左键在窗口右上角拖拽出一个矩形开关，可以通过拖拽鼠标改变开关的尺寸，也可以在窗口下面的数据浏览器中修改宽度和高度重新设置开关的尺寸。双击开关，弹出"开关"对话框，在动作追加中单击【位】按钮，弹出"动作"对话框，如图6-55所示。由电动机正反转控制系统I/O地址分配表可知，电动机正转按钮的软元件为PLC的输入继电器X000，在GOT中设置为X0000；将开关动作设置为点动，即开关按下时为ON，开关松开时为OFF；单击【确定】按钮后进行样式设置，开关样式设置分为按键触摸OFF和按键触摸ON两种，叫以分别设置显示图形和图形颜色，本例采用矩形开关，图形颜色为蓝色，如图6-56所示；最后进行开关的文本设置，如图6-57所示，输入开关的文本"正转启动"，将文本颜色设为白色、粗体，其他选项采用默认设置，单击【确定】按钮，完成正转启动按钮的设置。

图6-55　开关动作设置对话框

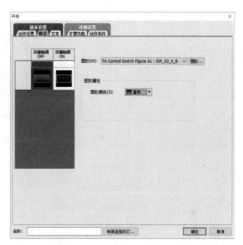

图6-56　开关样式设置对话框

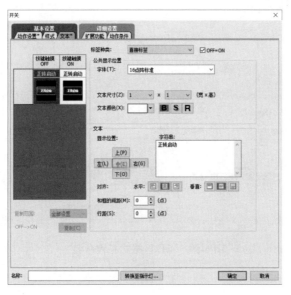

图6-57　开关文本设置对话框

采用同样的方法再制作两个按钮，一个是反转启动按钮，对应的软元件为 PLC 的输入继电器 X001，在 GOT 中设置为 X0001，开关颜色为蓝色，开关的文本为"反转启动"；另一个是停止按钮，对应的软元件为 PLC 的输入继电器 X002，在 GOT 中设置为 X0002，开关颜色为红色，开关的文本为"停止"。

5. 保存工程

电动机正反转控制系统建立后需要进行保存，先单击工具栏中的 ![保存图标] 图标，或在菜单栏中选择"工程"→"保存"命令，将制作画面等信息保存下来，再在菜单栏中选择"工程"→"另存为"命令，将建立的工程保存到指定位置。三菱 GT Designer3 组态软件有两种工程保存格式，一种是单文件格式工程，只需要给文件命名，文件后缀为.GTX，保存效果如图 6-58 所示；另一种是工作区格式工程，需要给工作区和工程命名，如图 6-59 所示，保存后会出现一个文件夹，名称为工作区名。

图 6-58　单文件格式工程

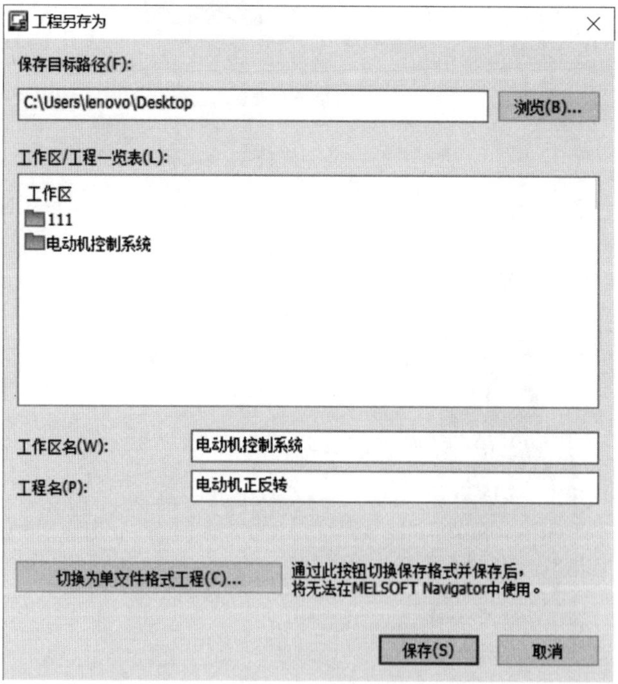

图 6-59　工作区格式工程命名

图 6-60 "通信设置"对话框

6. 将工程写入 GOT

单击工具栏中的 ⤵ 图标，或在菜单栏中选择"通信"→"写入到 GOT"命令，弹出"通信设置"对话框，如图 6-60 所示，选择 GOT 直接连接，计算机与 GOT 的连接方式可以选择 USB，也可以选择以太网，本例选择 USB 连接，单击"通信测试"按钮，测试成功后，单击"确定"按钮，弹出如图 6-61 所示对话框，单击"GOT 写入"按钮，计算机开始向 GOT 传输数据，此时计算机的显示如图 6-62 所示，GOT 的显示如图 6-63 所示。

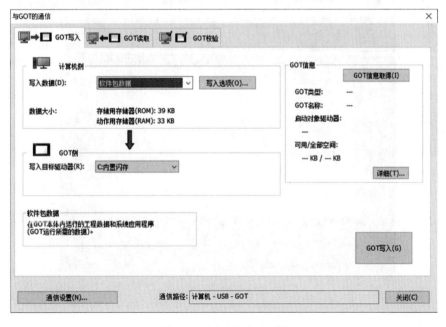

图 6-61 测试成功对话框

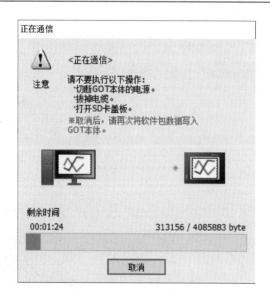

图 6-62　数据传输时的计算机显示

当计算机与 GOT 的连接方式为以太网连接时，在"通信设置"对话框中会出现 GOT IP 地址等相关设置，如图 6-64 所示，GOT IP 地址默认为 192.168.3.18，手动输入与计算机 IP 地址相配的地址（两者要在同一网络中），如计算机的 IP 地址为 192.168.32.100，GOT 的 IP 地址为 192.168.32.18；也可以单击【一览表】按钮，在弹出的对话框中单击【追加】按钮，在如图 6-65 所示的"GOT 设置"对话框中输入 GOT 的 IP 地址，单击【确定】按钮，显示如图 6-66 所示，这样就可以传输数据了。设置好的 GOT IP 地址可以通过菜单栏中的"公共设置"→"GOT 设置"→"基本设置"→"GOT ID 查询"命令查询。

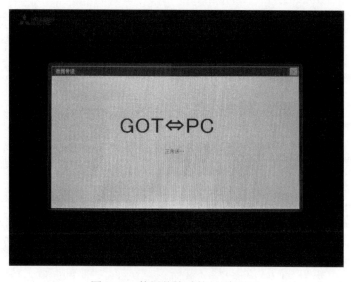

图 6-63　数据传输时的 GOT 显示

图 6-64　GOT IP 地址设置前

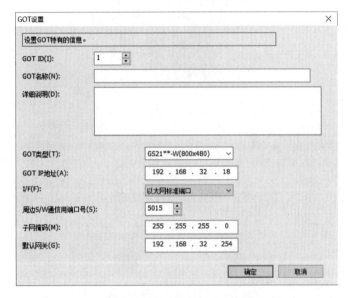

图 6-65　"GOT 设置"对话框

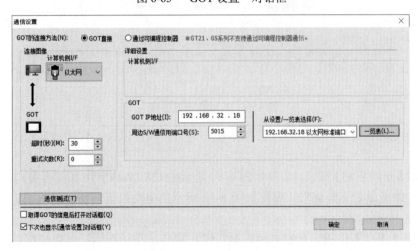

图 6-66　GOT IP 地址设置后

值得注意的是，用以太网传输数据时，要先采用 USB 通讯方式将 GOT IP 地址设置存入 GOT 中，断电重新启动后才可以使用以太网传输方式。

7. 工程模拟

用户可以将工程下载到三菱触摸屏中测试，也可以使用 GT Designer3 软件提供的模拟器运行工程。本例选择 GX Simulator3 和 GX Simulator2 仿真联调。具体步骤如下所述。

打开用 GX Work 2 编辑好的梯形图，单击"模拟启动/停止"按钮，启动 GX Simulator2 进行程序仿真，弹出如图 6-67 所示对话框。单击工具栏中的 图标，或在菜单栏中选择"工具"→"模拟器"→"启动"命令，启动模拟器仿真，如图 6-68 所示。

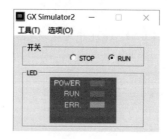

图 6-67 "GX Simulator2"对话框

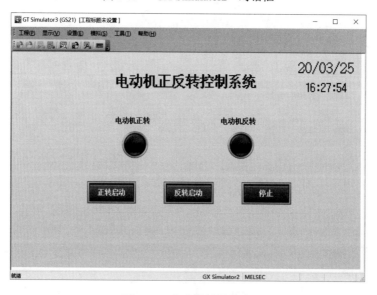

图 6-68 启动模拟器仿真

（1）观察电动机正反转控制系统的初始状态是否正确，以及正转指示灯和反转指示灯颜色是否正确。

（2）单击【正转启动】按钮，观察如图 6-69 所示的 GX Work 2 仿真运行窗口，查看 Y000 是否得电，电动机是否正向旋转；观察如图 6-70 所示的电动机正转仿真运行窗口，查看正转指示灯颜色是否变化。

（3）单击【停止】按钮，观察电动机是否停止旋转，正转指示灯是否熄灭。

（4）采用同样的方法测试电动机反转过程是否正确。

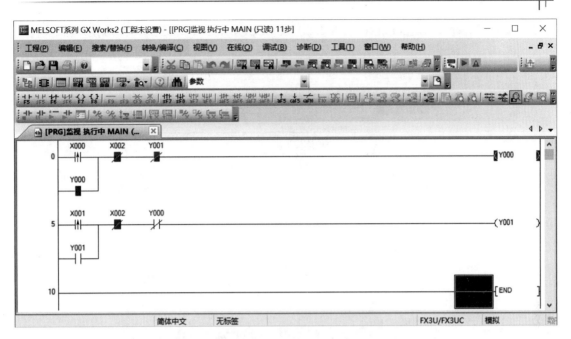

图 6-69   GX Work 2 仿真运行窗口

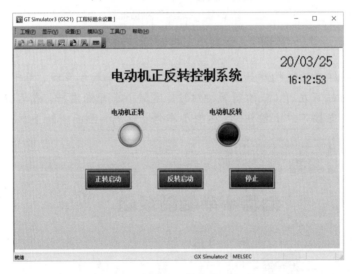

图 6-70   电动机正转仿真运行窗口

 小知识

　　模拟器连接方式的设置过程: 在菜单栏中选择 "工具" → "模拟器" → "设置" 命令, 或单击模拟器工具栏中的 图标, 弹出 "选项" 对话框, 如图 6-71 所示。如果使用的 PLC 编程软件为 GX Work2, 则选择 GX Simulator2, 启动 GX Simulator2 仿真后, 开始模拟器联调运行。

　　如果使用的 PLC 编程软件为 GX Developer, 则选择 GX Simulator2/MT Simulator2, 启动软件仿真, 开始模拟器联调运行; 如果采用计算机直接连接 PLC 的方式进行仿真, 则根据

CPU 连接方式选择 CPU 直接连接（RS-232）或 CPU 直接连接（USB），开始模拟器运行。

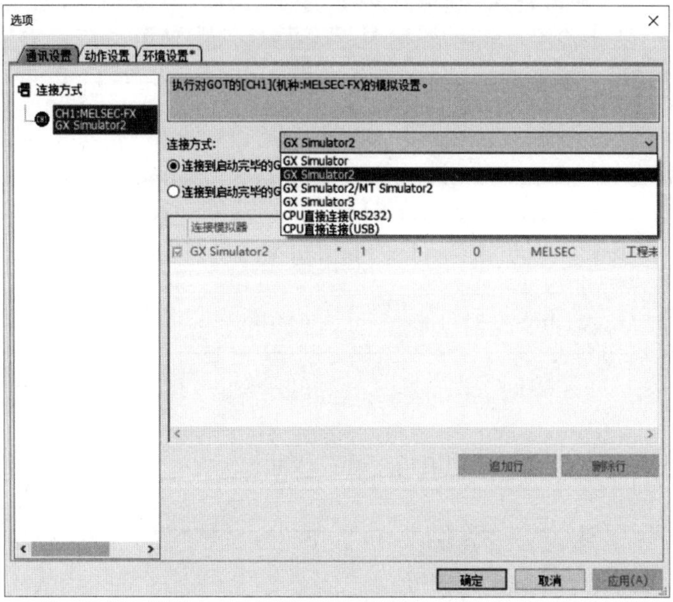

图 6-71　"选项"对话框

实例 2　运料小车控制系统组态设计

> 任务描述：用组态软件构建如图 6-72 所示的运料小车控制系统，用于实时监控运料小车的工作情况。当按下左行（或右行）按钮时，运料小车开始左行（或右行），监控画面上的小车同步运行；当按下停止按钮时，运料小车停止运行，画面中的小车也随之停止运行。

图 6-72　运料小车控制系统

1. 输入/输出元件及其控制功能

运料小车控制系统的 I/O 地址分配见表 6-2。

表 6-2　运料小车控制系统的 I/O 地址分配

输 入 地 址		输 出 地 址	
设 备 名 称	输入点编号	设 备 名 称	输出点编号
A 地行程开关（左侧）	X000	小车右行	Y000
B 地行程开关（右侧）	X001	小车左行	Y001
右行按钮	X002		
停止按钮	X003		
左行按钮	X004		

2. 控制程序设计

PLC 控制运料小车的梯形图如图 6-73 所示，将梯形图程序下载到 PLC 中。

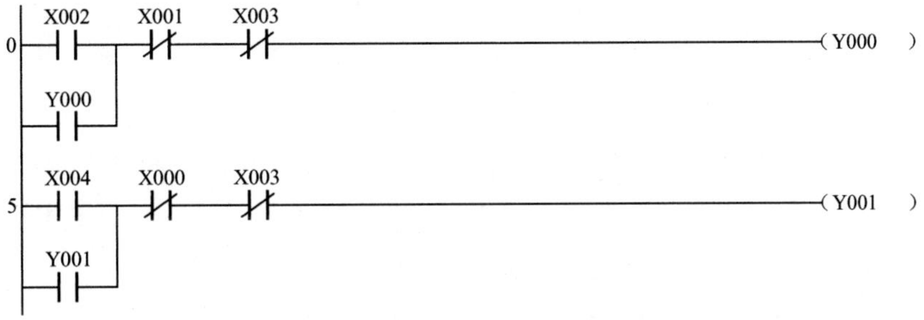

图 6-73　运料小车控制系统梯形图

3. 建立运料小车控制系统工程

启动三菱 GT Designer3 软件，按照新建工程向导新建工程，设置 GOT 为 GS 系列，机种为 GS21**-W（800×480），在连接机器设置中选择制造商为三菱电机，机种选择 MELSEC-FX，连接方式为标准 I/F（RS-422/485），其他都采用默认值，如图 6-74 所示，单击【结束】按钮，完成新建工程。

图 6-74　工程的新建向导

4．制作画面

在画面编辑器中，单击鼠标右键，在弹出的菜单中选择"画面的属性"，或在菜单栏中选择"画面"→"画面的属性"命令，弹出"画面的属性"对话框，设置画面的标题为运料小车控制系统。在画面的设计下方单击🔳图标，如图 6-75 所示，修改画面背景色为紫色，单击【确定】按钮，新建工程如图 6-76 所示。

图 6-75　画面的属性对话框形图

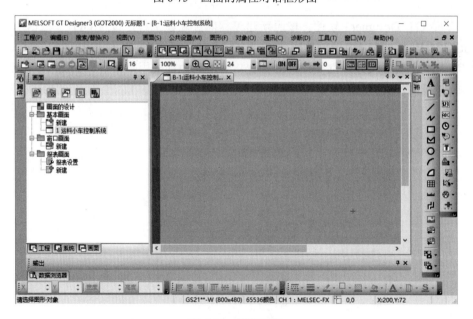

图 6-76　新建工程

在菜单栏中选择"对象"→"日期/时间显示"命令，在画面中添置日期和时间显示。在菜单栏中选择"图形"→"文本"命令，制作工程标题，在字符串栏中输入"运料小车控制系统",选择文本尺寸、颜色等参数,也可以单击"转换为艺术字"按钮,弹出艺术字对话框,如图 6-77 所示,选择合适的标题类型,再进行参数设置,单击【确定】按钮,完成标题创建工作。

在菜单栏中选择"公共设置"→"部件"→"新建"命令,或在如图 6-78 所示的画面编辑器左侧工程树状结构中选择"部件"→"新建"命令,弹出"部件的属性"对话框,如图 6-79 所示,设置编号为 1,设置名称为小车,单击【确定】按钮,工程树状结构部件一栏中将出现部件"1 小车"。同时,画面编辑器上新增一个"部件 1 小车"画面,如图 6-80 所示。

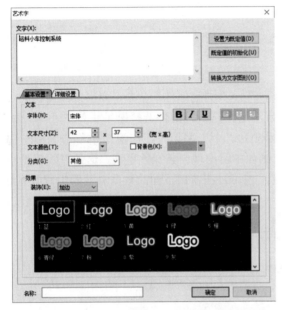

制作运料小车部件

图 6-77　艺术字对话框　　　　　　　　　　图 6-78　工程树状结构

图 6-79　部件的属性对话框框　　　　　　　图 6-80　部件编辑画面

在部件编辑画面中,单击工具栏中的□图标,当鼠标的光标变为"十"字形时,按住鼠标左键在窗口右上角拖拽出一个矩形框,用于制作小车车身,可以通过拖拽鼠标改变车身的大小,也可以在窗口下面的数据浏览器中修改宽度和高度重新设置车身的大小。双击矩形框,将弹出"矩形"对话框,设置小车车身的颜色及样式,如图 6-81 所示。

单击工具栏中的○图标,当鼠标的光标变为"十"字形时,按住鼠标左键在车身左下方拖拽出一个圆形,用于制作小车车轮,修改宽度和高度重新设置车轮的大小。双击车轮,弹出"圆形"对话框,设置小车车轮的颜色及样式,如图 6-82 所示。单击车轮,在菜单栏中选择"编辑"→"复制"命令,再选择"编辑"→"粘贴"命令,将其移到车身右下方,这样运料小车就制作完成了。

图 6-81 "矩形"对话框

图 6-82 "圆形"对话框

在菜单栏中选择"对象"→"部件移动"→"固定部件"命令，弹出"部件移动（固定）"对话框，设置位置软元件为 GD0，移动方法选择直线，部件选择刚编辑好的小车，如图 6-83 所示，单击【确定】按钮，当鼠标的光标变为"十"字形时，在窗口中单击鼠标左键，拖拽鼠标向右移动一段，再次单击鼠标左键，画面中将出现一条绿色直线，这条直线就是小车的移动轨迹，通过拖拽鼠标可以修改直线长度，也可以在窗口下面的数据浏览器中修改直线长度。

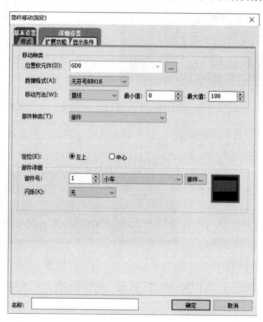

图 6-83 "部件移动（固定）"对话框

为了使画面更加形象逼真，可以绘制一条直线作为运料小车的行驶轨迹。单击工具栏中的 ╱ 图标，或者在菜单栏中选择"图形"→"直线"命令，当鼠标的光标变为"十"字形时，按住鼠标左键在画面中拖拽出一条直线，如图 6-84 所示。可以通过拖拽鼠标改变直线的长度，也可以在窗口下面的数据浏览器中修改直线长度。双击该直线，弹出"直线"对话框，设置直线的线型、线宽及线条颜色，如图 6-85 所示。

图 6-84　运料小车的行驶轨迹　　　　　　　图 6-85　"直线"对话框

 小知识

　　在三菱 GT Designer3 系统中，一个画面最多可以配置 1024 个部件移动。系统提供部件移动（位）、部件移动（字）和部件移动（固定）3 种功能，移动方法分为坐标、直线和点指定 3 种。当需要改变位置的部件显示的是一种状态时，选择部件移动（固定）方式，再设置位置软元件、移动方法等选项。当需要改变位置的部件显示的是两种状态时，选择部件移动（位）方式，如图 6-86 所示，首先设置部件切换软元件，设置该元件在 ON、OFF 中的显示状态；再设置位置软元件、移动方法等选项。当需要改变位置的部件显示的是三种以上状态时，选择部件移动（字）方式，首先设置部件切换软元件，设置该软元件在不同数值中的显示状态，如设置位置软元件为 D100，当 D100=0 时显示部件 1，当 0<D100<10 时显示部件 2，当 D100=10 时显示部件 3，如图 6-87 所示；再设置位置软元件、移动方法等选项。

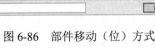

图 6-86　部件移动（位）方式　　　　　　　图 6-87　部件移动（字）方式

　　用三菱 GT Designer3 软件绘制两个三角形作为运料小车的 A 地和 B 地行程开关。单击工具栏中的 ☑ 图标，或者在菜单栏中选择"图形"→"多边形"命令，当鼠标的光标变为"十"字形时，在画面中选择一点作为起点，按住鼠标左键从起点拖动到终点绘制第一条边，松开鼠标左键，移动鼠标到任意位置，再单击鼠标左键，确定第三个点，从而构成三角形，双击鼠标左键，完成行程开关的制作过程。

双击制作的三角形，弹出"多边形"对话框，如图 6-88（a）所示，设置线型、线宽、线条颜色及填充图样、图形颜色。单击对话框中"指示灯功能"标签，选择使用指示灯属性后，对话框如图 6-88（b）所示，A 地行程开关的软元件为 PLC 输入继电器 X000，在 GOT 中设置为 X0000。当 X0000 为 ON 时，即小车在 A 地，当小车压下行程开关时，三角形显示红色，否则，三角形显示绿色，采用同样的方法制作 B 地行程开关，B 地行程开关的软元件为 PLC 输入继电器 X001，在 GOT 中设置为 X0001。

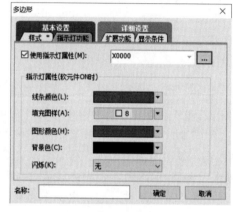

(a) 样式页　　　　　　　　　　　　　　(b) 指示灯功能页

图 6-88　"多边形"对话框

在菜单栏中选择"对象"→"开关"→"位开关"命令，制作"左行""停止""右行"3 个按钮，对应的软元件分别为 PLC 的输入继电器 X002、X003、X004，左行按钮和右行按钮为绿色，停止按钮为红色。

5. 编写脚本

在菜单栏中选择"公共设置"→"脚本"→"脚本"命令，或者在画面编辑器左侧工程树状结构中选择"脚本"→"脚本"命令，弹出"脚本"对话框，如图 6-89 所示。单击【追加】按钮，弹出"脚本编辑"对话框，如图 6-90 所示，在此建立工程脚本（整个工程都执行该脚本）；也可以选择"脚本"对话框中的画面标签，单击【追加】按钮进入脚本编辑器，然后建立画面脚本（只在该画面中执行脚本）。由于运料小车工程只有一个画面，因此这两种方法都可以。在"脚本编辑"对话框中，设置脚本名、执行顺序、触发软元件及触发类型，既可以导入通过脚本编辑器编辑的脚本，也可以单击【脚本编辑】按钮后编辑脚本。

在运料小车控制系统中，当按下右行按钮时，PLC 的输出继电器 Y000 为 ON，小车向右行驶，实现上述功能需要编写小车运行脚本，脚本的编写方法有两种，一种方法是通过 IF 语句实现，在"脚本编辑"对话框中设置触发条件为通常，单击【脚本编辑】按钮，在弹出的"脚本编辑（Script1）"对话框中输入脚本，如图 6-91 所示，经过语法检查无误后，单击【确定】按钮，完成脚本编辑。另一种方法是设置 PLC 输出点 Y000 为脚本触发软元件，如图 6-92 所示，触发类型为"ON 中"，单击【脚本编辑】按钮，在弹出的"脚本编辑（Script1）"

对话框中输入"[w:GD0] = [w:GD0]+1;"经过语法检查无误后，单击【确定】按钮，完成脚本编辑。

图 6-89   "脚本"对话框

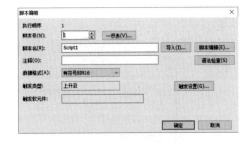

图 6-90   "脚本编辑"对话框

图 6-91   小车右行脚本程序 1

图 6-92   触发软元件 Y0000

采用同样的方法设置小车左行脚本程序。如图6-93所示，可以通过脚本一览表查看工程中的所有脚本，也可以在这里进行脚本编辑、修改及删除操作。

图6-93 脚本一览表

 小知识

脚本是类似于C语言的语言式程序，用户只需要具备初级的编程知识，就能够编写脚本程序。用户也可以使用熟悉的文本编辑器（如记事本、写字板等）进行脚本编辑，提高效率。

脚本有工程脚本、画面脚本、脚本部件和对象脚本4种类型，当触发条件成立时，将执行已指定的脚本。其中，脚本部件是作为对象配置在画面中的，而对象脚本是对对象进行设置的脚本，有输入对象脚本、显示对象脚本和开关对象脚本3种类型。

编写的脚本程序包括控制语句、运算符、函数等，其中控制语句包括if语句、while语句和switch语句等，它们的语法及功能如表6-3所示；运算符包括逻辑运算符、关系运算符、算数运算符、软元件运算符等；函数包括软元件操作、连续软元件操作、应用算术运算及文件操作等。

表6-3 控制语句的语法及功能

控制语句		内 容
if	语法	if（条件式）{表达式集}
	功能	进行判断控制。进行（条件式）的评价，结果为真（非0）时执行{表达式集}。 if语句是最基本的判断控制语句，当需要在达到某个值后进行特定的处理或者需要改变程序流程时使用
if...else	语法	if（条件式）{表达式集1}else{表达式集2}
	功能	进行判断控制。进行（条件式）的评价，结果为真（非0）时执行{表达式集1}，当结果为假（0）时执行{表达式集2}。 if语句是最基本的判断控制语句，当需要在达到某个值后进行特定的处理或者需要改变程序流程时使用

续表

控制语句	内容	
while	语法	while（连续条件式）{表达式集}
	功能	进行（连续条件式）的评价，当结果为真（非0）时，重复执行{表达式集}。 下列情况下，从 while 语句中退出： ● 连续条件式为假（0）时； ● 表达式集中存在 break 语句时。 while 语句在执行某项处理直至达到特定的目的时使用。 如果连续条件式始终为真（非0），则进入无限循环。 写入目标软元件时须使用临时工作区或 GOT 内部软元件

switch
case
default
break
	语法	switch（项）
		{
		case 常数：表达式集; break;
		case 常数：表达式集; break;
		default：表达式集;
		}

	功能	使用 switch、case、break、default 生成控制语句。 在下列情况下，执行 case 语句和 default 语句后的表达式集： ●（项）的值与常数一致时； ● 与 case 语句不一致但有 default 语句时。 在下列情况下，将从 switch 主体{}中退出： ● 脚本里有 break 语句时； ●（项）里没有该常数的 case 语句和 default 语句时。 注意，控制语句中可以没有 break 语句和 default 语句。 switch 语句在需要根据某个变量的值执行若干不同的处理时使用
return	语法	return;
	功能	结束脚本。 1 个脚本中可以存在多个 return 语句
:	语法	:
	功能	代表单个语句的结束。单个语句的末尾需要此符号

6. 保存工程

单击工具栏中的 图标，或在菜单栏中选择"工程"→"保存"命令，将制作画面等信息保存下来，再选择"工程"→"另存为"命令，将文件名为"运料小车"的工程保存到指定位置。

7. 将工程写入 GOT

单击工具栏中的 图标，或在菜单栏中选择"通信"→"写到 GOT"命令，下载 GOT工程，进入工程运行状态。

8. 工程运行

（1）观察小车起始位置是否正确、A 地行程开关颜色是否正确。

（2）单击右行按钮，观察三菱 PLC 的输出点 Y001 是否点亮；观察图 6-94 中小车位置是否变化、A 地行程开关颜色是否正确。

图 6-94　小车右行　　　　　　　　　　图 6-95　小车到达 B 地

（3）在小车运行过程中单击停止按钮，观察小车是否停车。

（4）当小车到达 B 地后，观察图 6-95 中 B 地行程开关颜色是否有变化、小车是否停车。

（5）采用同样的方法测试小车左行过程是否正确。

实例 3　电气传动控制系统组态设计

> **任务描述：** 用三菱组态软件构建一个电气传动控制系统，组态画面如图 6-96 所示，用于实时监控变频器的工作情况。当按下开关量控制按钮时，跳转到变频器开关量控制系统画面，PLC 以开关量方式控制变频器 3 段速运行，使三相异步电动机分别在低速、中速、高速下稳定运行；当按下模拟量控制按钮时，跳转到变频器模拟量控制系统画面，PLC 以模拟量方式控制变频器增/减速运行，使三相异步电动机在不同转速下稳定运行，同时显示变频器的输出频率；当按下 485 通信控制按钮时，跳转到变频器 485 控制系统画面，PLC 以 RS-485 通信方式控制变频器正反转运行，使三相异步电动机在不同转速下稳定运行，同时显示变频器的输出频率、输出电压和输出电流。

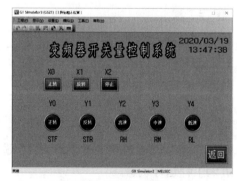

（a）电气传动控制系统主画面　　　　　　（b）变频器开关量控制系统组态画面

图 6-96　电气传动控制系统的组态画面

（c）变频器模拟量控制系统组态画面　　　　　（d）变频器 485 通信控制系统组态画面

图 6-96　电气传动控制系统的组态画面（续）

1. 实训准备

电气传动控制系统的 I/O 地址分配见表 6-4，梯形图请读者参考变频器控制要求自行设计，并将梯形图程序下载到 PLC 中。

表 6-4　电气传动控制系统的 I/O 地址分配

输 入 地 址		输 出 地 址	
设 备 名 称	输入点编号	设 备 名 称	输出点编号
正转启动按钮	X0	正转接触器	Y0
反转启动按钮	X1	反转接触器	Y1
停止按钮	X2	高速指示灯	Y2
		中速指示灯	Y3
		低速指示灯	Y4

2. 建立电气传动控制系统工程

启动三菱 GT Designer3 软件，按照新建工程向导新建工程，设置 GOT 为 GS 系列，机种为 GS21**-W（800×480），在连接机器设置中选择制造商为三菱电机，机种选择 MELSEC-FX，连接方式为标准 I/F（RS-422/485），其他都采用默认值，单击【结束】按钮，完成新建工程。

3. 制作画面

电气传动控制系统工程一共有 4 个画面，包括主画面、变频器开关量控制系统画面、变频器模拟量控制系统画面和变频器 485 通信控制系统画面，可以在左侧工程树状结构中选择"画面"→"基本画面"→"新建"命令，建立 4 个画面，如图 6-97 所示。

（1）双击工程树状结构中"1 主画面"，进入主画面，单击工具栏上的 图标，或者在菜单栏中选择"图形"→"艺术字"命令，弹出"艺术字"对话框，在文字栏输入"电气传动控制系统"，字体为宋体，文本尺寸为 34×52，其他项采用默认值，如图 6-98 所示。在画面右上角添加日期显示和时间显示，文本颜色选择黑色。

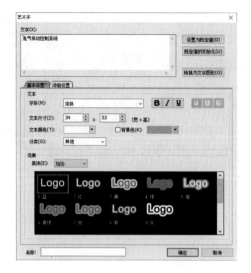

图 6-97　电气传动控制系统新建画面　　　　图 6-98　"艺术字"对话框

单击工具栏中的 ▣ 图标，弹出"开关"对话框，单击【画面切换】按钮，弹出"动作（画面切换）"对话框，如图 6-99 所示，选择画面编号为 2，后面的画面名称会自动改变，也可以单击【浏览】按钮，在画面图像一览表中选择切换画面。单击【确定】按钮，在"开关"对话框中选择文本标签，输入开关显示文本"开关量控制"，单击【确定】按钮，完成画面切换设置。

也可以在菜单栏中选择"对象"→"开关"→"画面切换开关"命令进行画面切换设置，此时弹出"画面切换开关"对话框，如图 6-100 所示，选择画面编号为 2，后面的画面名称将自动改变；选择文本标签，输入开关显示文本"开关量控制"，单击【确定】按钮后完成画面切换设置。采用同样的方法完成模拟量控制画面、485 通信控制画面的切换。

图 6-99　"动作（画面切换）"对话框　　　　图 6-100　"画面切换开关"对话框

（2）双击工程树状结构中"2 开关量控制画面"，进入对应画面。在画面编辑器中用 Ａ、🕐、💡 和 ▣ 绘制画面，效果如图 6-96（b）所示，其中返回按钮用于选择画面转换功能，本例返回主画面。

　　双击工程树状结构中"3 模拟量控制画面",进入对应画面。关于变频器模拟量数值的设定有两种方式。一种为滑杆式输入方式,具体如下:双击工具栏中的 ➕ 图标,或者在菜单栏中选择"对象"→"滑杆"命令,当鼠标的光标变为"十"字形时,在画面中选择合适位置作为起点,拖动鼠标画出一个虚线矩形,松开鼠标后,画面中将出现一个滑杆,如图 6-101 所示。双击滑杆,弹出"滑杆"对话框,如图 6-102 所示,设置软元件为 GD0;上、下限值均为固定值,根据模拟量模块的输出设置范围为 0 和 50;设置滑杆方向、滑块和滑杠的宽度和高度,也可以设置滑块的样式;单击刻度标签,设置刻度显示的个数、刻度值显示的个数及数值,如图 6-103 所示,单击【确定】按钮后完成滑杆的制作。

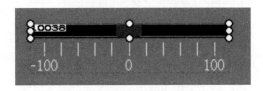

图 6-101　滑杆对象

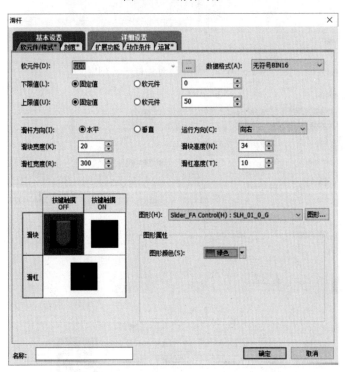

图 6-102　"滑杆"对话框——软元件/样式

　　另一种为数值输入方式,具体如下:双击工具栏中的 🔢 图标,或者在菜单栏中选择"对象"→"数值显示/输入"→"数值输入"命令,当鼠标的光标变为"十"字形时,在画面中选择合适的位置拖拽鼠标画出一个虚线矩形,双击该矩形框,弹出"数值输入"对话框,在对话框中设置软元件、数值尺寸、显示格式及整数部位数等,如图 6-104 所示。

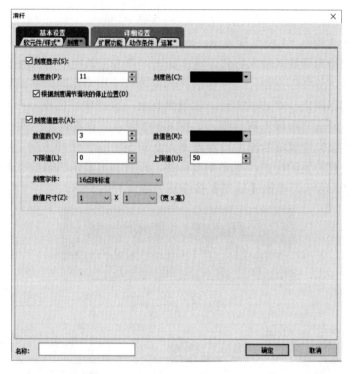

图 6-103 "滑杆"对话框——刻度

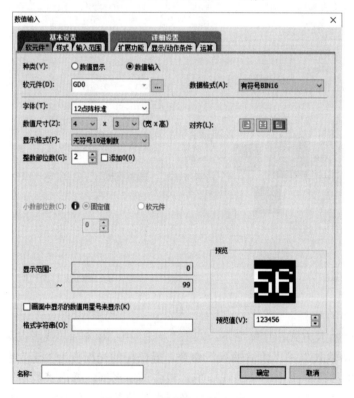

图 6-104 "数值输入"对话框

利用软件的数值显示功能可以实现模拟量输出显示。双击工具栏中的⊞图标，或者在菜单栏中选择"对象"→"数值显示/输入"→"数值显示"命令，当鼠标的光标变为"十"字形时，在画面中选择合适的位置拖拽鼠标画出一个虚线矩形，双击该矩形框，弹出"数值显示"对话框，设置软元件为 GD10，显示格式为实数，设置数值尺寸、整数部位数及小数部位数等，如图 6-105 所示。

图 6-105 数值显示

 小知识

当希望以小数形式显示数值时，需要设置显示格式为实数及具体的小数部位数。例如，当 GD0=1234，设置小数部位数为 2 时，显示数值为 12.34，而不是 1234.00，因此设置以小数形式显示数值时要格外注意。

（3）双击工程树状结构中的"485 通信控制画面"，进入对应画面，设置标题、开关、数值显示、数值输入等的操作与前面类似，这里就不重复介绍了。需要特别说明的是，在设置三相异步电动机模拟运行画面时需要使用部件显示功能和库功能。具体如下：在工程树状结构中选择"部件"→"新建部件"命令，设置编号 1 的部件名称为电动机 1，在部件 1 画面中，选择"右侧库"→"系统库"→"按外观搜索（或 Figure）"→"Illustration Parts_2"→"1 Fan 01_1"命令，单击鼠标左键选中部件后，在部件画面中再单击鼠标左键，或者直接将 1 Fan 01_1 从库中拖拽到部件画面中，如图 6-106 所示，将其放置在画面的左上角。采用同样的方法制作部件 2 电动机 2（对应库中图形 2 Fan 01_2）、部件 3 电动机 3（对应库中图形 3 Fan 01_3）、部件 4 电动机 4（对应库中图形 4 Fan 01_4）。注意，4 个部件的图片尺寸必须一致。

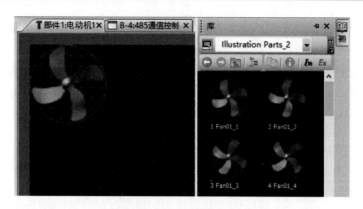

图 6-106 制作电动机 1

在 485 通信控制画面中，在菜单栏中选择"对象"→"部件显示"→"字部件"命令，单击鼠标左键，弹出"部件显示（字）"对话框，如图 6-107 所示，设置部件切换软元件为 GD1000，数据格式为无符号 BIN16，其他参数采用默认值，这样就可以实现部件显示功能了。当 GD1000=1 时，画面显示部件 1 电动机 1（1 Fan 01_1）；当 GD1000=2 时，画面显示部件 2 电动机 2(2 Fan 01_2)；当 GD1000=3 时，画面显示部件 3 电动机 3(3Fan 01_3)；当 GD1000=4 时，画面显示部件 4 电动机 4（4Fan 01_4）。如果 GD1000 的数值依次增大，则画面显示的是电动机正向旋转；如果 GD1000 的数值依次减小，则画面显示的是电动机反向旋转。

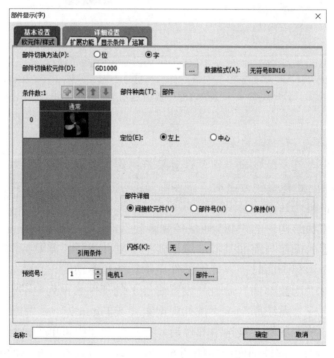

电动机旋转
属性设置

图 6-107 部件——部件显示（字）对话框

小知识

如图 6-108 所示，库由 GT Designer3 中事先登录的数据与用户追加的数据构成，可以直接配置到画面中。库包括系统库和用户库，系统库中是事先已登录的图形、对象、模板、图像文件，用户库中是用户自制的图形、对象、模板及用户导入的图像文件。

图 6-108　库

4. 编写脚本

电气传动控制系统工程由变频器开关量控制系统、变频器模拟量控制系统及变频器 485 通信控制系统构成，由于系统的控制要求不同，因此不能编写工程脚本，需要针对不同的系统编写画面脚本。

主画面和变频器开关量控制系统不需要编写脚本，因此画面 3 模拟量控制中脚本号为 No1，也就是第一个脚本，根据变频器模拟量控制系统中模拟量模块 FX$_{2N}$-5A 输入输出关系编写脚本，触发条件为通常，即一直执行此脚本。脚本中 GD0 为画面数值输入软元件（输入范围：0～50），控制 PLC 中模拟量输入寄存器 D0（输入范围：0～32000），它们通过脚本完成转换；GD10 为画面中数值显示软元件（显示范围：0.00～50.00），由 PLC 中模拟量输出寄存器 D100 决定，而 D100 输出范围为 0～32000，需要由脚本完成转换，如图 6-109 所示。

图 6-109　模拟量控制系统画面脚本

图 6-110　频率设定及变频器输出脚本

画面 485 控制系统中起始脚本号为 No2，一共有 3 个脚本，分别是变频器频率设定及变频器输出脚本、电动机正转脚本和电动机反转脚本。变频器频率设定及变频器输出脚本一直执行，因此脚本的触发条件为通常，脚本中 GD0 为画面中频率输入软元件，控制 PLC 中频率设定输入寄存器 D0；GD10 为画面中频率显示软元件，由 PLC 中频率输出寄存器 D100 决定；GD11 为画面中电压显示软元件，由 PLC 中电压输出寄存器 D101 决定；GD12 为画面中电流显示软元件，由 PLC 中电流输出寄存器 D101 决定，脚本如图 6-110 所示。

电动机正转脚本展现电动机的运行动画，在电动机正转时显示，因此触发条件为电动机正转，即 Y0000 为 ON 时执行，如图 6-111 所示。电动机运行过程为部件 1 到部件 4 的循环显示过程，脚本如图 6-112 所示。同理，电动机反转脚本的触发条件为 Y0001 为 ON 时执行，脚本如图 6-113 所示。

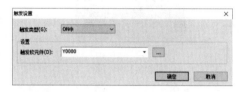

图 6-111　电动机正转脚本触发设置

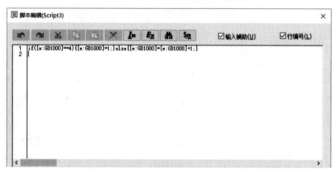

图 6-112　电动机正转脚本

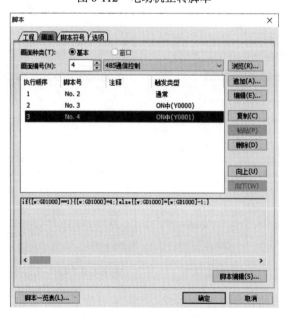

图 6-113　电动机反转脚本

5. 保存工程

在菜单栏中选择"工程"→"保存"命令，将制作画面等信息先保存下来，再在菜单栏中选择"工程"→"另存为"命令，将建立的工程保存到指定位置，文件名称为"电气传动控制系统"。

6. 将工程写入 GOT

单击工具栏中的 图标，或在菜单栏中选择"通信"→"写到 GOT"命令，下载 GOT工程，进入工程运行状态。

7. 工程运行

（1）单击"开关量控制"按钮，观察画面是否切换到"变频器开关量控制系统"画面，单击"返回"按钮，观察画面是否切换到"主画面"，采用同样的方法测试其他两个画面是否能够正常切换。

（2）在"变频器开关量控制系统"画面中，单击"正转"按钮，观察电动机正转指示灯是否有变化，低速、中速、高速指示灯是否按照控制要求变化，如图 6-114 所示。

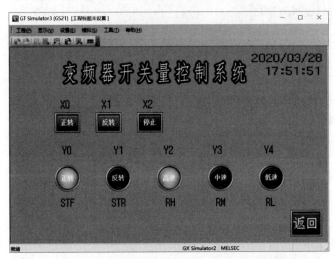

图 6-114 "变频器开关量控制系统"运行画面

（3）在"变频器模拟量控制系统"画面中，调节滑杆或输入变频器设定频率，单击"正转"按钮，观察电动机是否正转，变频器上显示的数值与触摸屏上显示的数值是否一致，如图 6-115 所示；调节滑杆或修改变频器设定频率，观察电动机是否改变转速，变频器上显示的数值与触摸屏上显示的数值是否一致；单击"停止"按钮，观察电动机是否停止旋转。采用同样的方法测试反转功能是否正确。

（4）在"变频器 485 通信控制系统"画面中，输入变频器设定频率，单击"正转"按钮，观察电动机是否正转，变频器上显示的数值与触摸屏上显示的数值是否一致，如图 6-116 所示；修改变频器设定频率，观察电动机是否改变转速，变频器上显示的数值与触摸屏上显示的数值是否一致；单击"停止"按钮，观察电动机是否停止旋转。采用同样的方法测试反转功能是否正确。

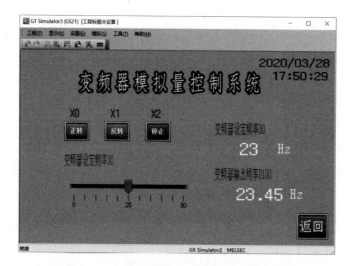

图 6-115　"变频器模拟量控制系统"运行画面

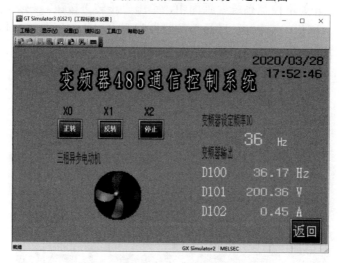

图 6-116　"变频器 485 通信控制系统"运行画面

附录 A　FX 系列 PLC 常用指令详解

为方便读者理解本书内容，我们把在实例中使用到的一些指令进行归纳总结，以供查询参考。

1. 逻辑取、取反、输出及结束指令

逻辑取、取反、输出及结束指令的助记符与梯形图如表 A-1 所示。

表 A-1　逻辑取、取反、输出及结束指令的助记符与梯形图

助 记 符	名　　称	梯形图表示
LD	逻辑取	┤├
LDI	取反	┤╱├
OUT	输出	─( )
END	结束	─[END]─

逻辑取和取反指令可用软元件说明如表 A-2 所示。

表 A-2　逻辑取和取反指令可用软元件说明

操作数	位元件				字元件									常数	
	X	Y	M	S	KnX	KnY	KnM	KnS	T	C	D	V	Z	K	H
S	·	·	·	·					·	·					

输出指令可用软元件说明如表 A-3 所示。

表 A-3　输出指令可用软元件说明

操作数	位元件				字元件									常数	
	X	Y	M	S	KnX	KnY	KnM	KnS	T	C	D	V	Z	K	H
S		·	·	·					·	·					

LD 功能：取常开触点与左母线相连。

LDI 功能：取常闭触点与左母线相连。

OUT 功能：使指定的继电器线圈得电，继电器触点产生相应的动作。

END 功能：表示程序结束，返回起始地址。

编程规定：在梯形图中，每一梯级的第一个触点必须用取指令 LD（常开）或取反指令 LDI（常闭），并与左母线相连。

2. 触点串/并联指令

触点串/并联指令的助记符与梯形图如表 A-4 所示。

表 A-4　触点串/并联指令的助记符与梯形图

助　记　符	名　　称	梯形图表示
AND	与	
OR	或	

触点串/并联指令可用软元件说明如表 A-5 所示。

表 A-5　触点串/并联指令可用软元件说明

操作数	位元件				字元件									常数	
	X	Y	M	S	KnX	KnY	KnM	KnS	T	C	D	V	Z	K	H
S	·	·	·	·					·	·					

AND 功能：将触点串接，进行逻辑与运算。
OR 功能：将触点并接，进行逻辑或运算。

编程规定：触点串/并联指令仅用来描述单个触点与其他触点的电路连接关系，串/并联的次数不受限制，可以反复使用。

3. 置位/复位指令

置位/复位指令的助记符与梯形图如表 A-6 所示。

表 A-6　置位/复位指令的助记符与梯形图

助　记　符	名　　称	梯形图表示
SET	置位	⊢⊦ [SET] [S]
RST	复位	⊢⊦ [RST] [S]

置位指令可用软元件说明如表 A-7 所示。

表 A-7　置位指令可用软元件说明

操作数	位元件				字元件									常数	
	X	Y	M	S	KnX	KnY	KnM	KnS	T	C	D	V	Z	K	H
S		·	·	·											

复位指令可用软元件说明如表 A-8 所示。

表 A-8　复位指令可用软元件说明

操作数	位元件				字元件									常数	
	X	Y	M	S	KnX	KnY	KnM	KnS	T	C	D	V	Z	K	H
S		·	·	·					·	·	·	·	·		

SET 功能：强制操作元件置"1"，并具有自保持功能，即驱动条件断开后，操作元件仍维持接通状态。

RST 功能：强制操作元件置"0"，并具有自保持功能。RST 指令除了可以对位元件进行置"0"操作，还可以对字元件进行清零操作，即把字元件数值变为"0"。

使用要点：

① 对于同一操作元件可以多次使用 SET、RST 指令，顺序也可以任意，但以最后执行的一条指令为有效。

② 在实际使用时，尽量不要对同一位元件进行 SET 和 OUT 操作。因为这样使用，虽然不是双线圈输出，但如果 OUT 的驱动条件不成立，SET 的操作将不具有自保持功能。

4. 交替输出指令

交替输出指令的助记符与梯形图如表 A-9 所示。

表 A-9　交替输出指令的助记符与梯形图

助 记 符	名　称	梯形图表示
ALT	交替输出	⊣ ├── ALT　S

交替输出指令可用软元件说明如表 A-10 所示。

表 A-10　交替输出指令可用软元件说明

操作数	位元件				字元件									常数	
	X	Y	M	S	KnX	KnY	KnM	KnS	T	C	D	V	Z	K	H
S		·	·	·											

ALT 功能：用于对指定的位元件执行 ON/OFF 反转一次，也就是对指定的位元件执行逻辑取反一次。

5. 传送指令

传送指令的助记符与梯形图如表 A-11 所示。

表 A-11　传送指令的助记符与梯形图

助 记 符	名　称	梯形图表示
MOV	传送	⊣ ├── MOV　S.　D.

传送指令可用软元件说明如表 A-12 所示。

表 A-12　传送指令可用软元件说明

操作数	位元件				字元件									常数	
	X	Y	M	S	KnX	KnY	KnM	KnS	T	C	D	V	Z	K	H
S					•	•	•	•	•	•	•	•	•	•	•
D						•	•	•	•	•	•	•	•		

传送指令的操作数内容说明如表 A-13 所示。

表 A-13　操作数内容说明

操 作 数	内 容 说 明
S	进行传送的数据或数据存储字软元件地址
D	数据传送目标的字软元件地址

MOV 功能：当驱动条件成立时，将源址 S 中的二进制数传送至终址 D。传送后，S 中的内容保持不变。

使用要点：

传送指令 MOV 是应用最多的功能指令之一，其实质是一个对字元件进行读/写操作的指令。

6. 多点传送指令

多点传送指令的助记符与梯形图如表 A-14 所示。

表 A-14　多点传送指令的助记符与梯形图

助 记 符	名 称	梯形图表示
FMOV	多点传送	⊢ ⊦ FMOV　S.　D.　n

多点传送指令可用软元件说明如表 A-15 所示。

表 A-15　多点传送指令可用软元件说明

操作数	位元件				字元件									常数	
	X	Y	M	S	KnX	KnY	KnM	KnS	T	C	D	V	Z	K	H
S					•	•	•	•	•	•	•	•	•	•	•
D						•	•	•	•	•	•	•			
n														•	•

多点传送指令的操作数内容说明见表 A-16。

表 A-16　操作数内容说明

操 作 数	内 容 说 明
S	进行传送的数据或数据存储字软元件地址
D	数据传送目标的字软元件地址
n	传送的字软元件的点数

FMOV 功能：当驱动条件成立时，将源址 S 中的二进制数传送至以 D 为首址的 n 个寄存器中。

使用要点：

多点传送指令的作用是一点多传，它的操作数把同一个数传送到多个连续的寄存器中，传送的结果是在所有寄存器中都存有相同的数。

7. 区间复位指令

区间复位指令的助记符与梯形图如表 A-17 所示。

表 A-17　区间复位指令的助记符与梯形图

助 记 符	名 称	梯形图表示
ZRST	区间复位	⊢ ⊦ ─ ZRST D1 D2

区间复位指令可用软元件说明如表 A-18 所示。

表 A-18　区间复位指令可用软元件说明

操作数	位元件				字元件									常数	
	X	Y	M	S	KnX	KnY	KnM	KnS	T	C	D	V	Z	K	H
D1		·	·	·					·	·	·				
D2		·	·	·					·	·	·				

ZRST 指令操作数内容说明如表 A-19 所示。

表 A-19　操作数内容说明

操 作 数	内 容 说 明
D1	进行区间复位的软元件首址
D2	进行区间复位的软元件终址

ZRST 功能：当驱动条件成立时，将首址 D1 和终址 D2 之间的所有软元件进行复位处理。

使用要点：

D1 和 D2 必须是同一类型软元件，且软元件编号必须为 D1≤D2。区间复位指令是 16 位处理指令，不能对 32 位软元件进行区间复位处理。区间复位指令在对定时器、计数器进行区间复位时，不但将 T 和 C 的当前值写入 K0，还将其相应的触点全部复位。

能够完成对位元件置 OFF 和对字元件写入 K0 的复位处理指令有 RST、MOV、FMOV 和 ZRST，它们之间的功能是有差别的，具体如表 A-20 所示。

表 A-20　RST、MOV、FMOV 和 ZRST 指令功能比较

助记符	名　称	功　能　特　点
RST	复位	①只能对单个位软元件复位；②在对 T 和 C 复位时，其触点也能同时复位
MOV	传送	①只能对单个字软元件复位；②在对 T 和 C 复位时，其触点不能同时复位
FMOV	多点传送	①能对多个字软元件复位；②在对 T 和 C 复位时，其触点不能同时复位
ZRST	区间复位	①可对位和字软元件进行区间复位；②在对 T 和 C 复位时，其触点也能同时复位

8. 位左/右移指令

位左/右移指令的助记符与梯形图如表 A-21 所示。

表 A-21　位左/右移指令的助记符与梯形图

助　记　符	名　称	梯形图表示
SFTR	位右移	┤├── SFTR | S. | D. | n1 | n2 |
SFTL	位左移	┤├── SFTL | S. | D. | n1 | n2 |

位左/右移指令可用软元件说明如表 A-22 所示。

表 A-22　位左/右移指令可用软元件说明

操作数	位元件				字元件									常数	
	X	Y	M	S	KnX	KnY	KnM	KnS	T	C	D	V	Z	K	H
S	·	·	·	·											
D		·	·	·											
n1														·	·
n2														·	·

位左/右移指令的操作数内容说明如表 A-23 所示。

表 A-23　操作数内容说明

操　作　数	内　容　说　明
S	移入移位元件的位元件组合首址，占用 n2 个位
D	移位元件组合首址，占用 n1 个位
n1	移位元件组合长度，n1≤1024
n2	移位的位数，n2≤n1

SFTR 功能：当驱动条件成立时，将以 D 为首址的位元件组合向右移动 n2 位，其高位由

n2 位的位元件组合 S 移入，移出的 n2 个低位被舍弃，而位元件组合 S 保持原值不变。

SFTR 指令的应用举例如图 A-1 所示。

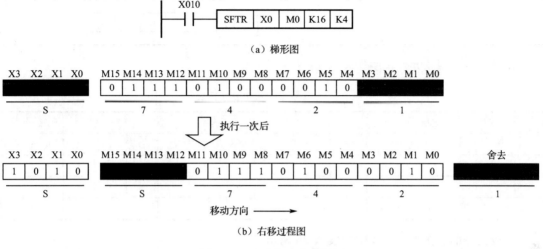

图 A-1　SFTR 指令应用举例

SFTL 功能：当驱动条件成立时，将以 D 为首址的位元件组合向左移动 n2 位，其低位由 n2 位的位元件组合 S 移入，移出的 n2 个高位被舍弃，而位元件组合 S 保持原值不变。

SFTL 指令的应用举例如图 A-2 所示。

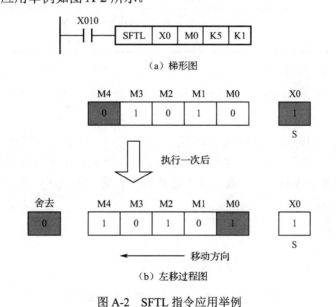

图 A-2　SFTL 指令应用举例

9. 比较指令

比较指令的助记符与梯形图如表 A-24 所示。

表 A-24　比较指令的助记符与梯形图

助 记 符	名 称	梯形图表示
CMP	比较	—┤├— CMP S1 S2 D

比较指令可用软元件说明如表 A-25 所示。

表 A-25　比较指令可用软元件说明

操作数	位元件				字元件									常数	
	X	Y	M	S	KnX	KnY	KnM	KnS	T	C	D	V	Z	K	H
S1					•	•	•	•	•	•	•	•	•	•	•
S2					•	•	•	•	•	•	•	•	•	•	•
D		•	•	•											

比较指令的操作数内容说明如表 A-26 所示。

表 A-26　操作数内容说明

操 作 数	内 容 说 明
S1	比较值一或数据存储字软元件地址
S2	比较值二或数据存储字软元件地址
D	比较结果的位元件首址，占用 3 个位

CMP 功能：当驱动条件成立时，将源址 S1 和 S2 按代数形式进行大小的比较，如果 S1>S2，则位元件 D 为 ON；如果 S1=S2，则位元件 D+1 为 ON；如果 S1<S2，则位元件 D+2 为 ON。

使用要点：

当执行 CMP 指令后，即使驱动条件不成立，D、D+1、D+2 仍会保持当前的状态。如果需要清除比较结果，可使用 RST 或 ZRST 指令进行复位处理。在实际应用中，可能只需要其中一个判别结果，另外两个判别结果可以不在程序中体现，D、D+1、D+2 一旦被指定，它们就不能再用于其他控制。

10. 触点比较指令

触点比较指令的助记符与梯形图如表 A-27 所示。

表 A-27　触点比较指令的助记符与梯形图

助 记 符	名 称	梯形图表示
LD =	判断 S1 是否等于 S2	—[= S1 S2]—
LD >	判断 S1 是否大于 S2	—[> S1 S2]—
LD <	判断 S1 是否小于 S2	—[< S1 S2]—
LD <>	判断 S1 是否不等于 S2	—[<> S1 S2]—

续表

助 记 符	名 称	梯形图表示
LD<=	判断 S1 是否小于或等于 S2	─┤ <= S1 S2 ├─
LD>=	判断 S1 是否大于或等于 S2	─┤ >= S1 S2 ├─

触点比较指令可用软元件说明如表 A-28 所示。

表 A-28 触点比较指令可用软元件说明

操作数	位元件				字元件									常数	
	X	Y	M	S	KnX	KnY	KnM	KnS	T	C	D	V	Z	K	H
S1					•	•	•	•	•	•	•	•	•	•	•
S2					•	•	•	•	•	•	•	•	•	•	•

触点比较指令的操作数内容说明如表 A-29 所示。

表 A-29 操作数内容说明

操 作 数	内 容 说 明
S1	比较值一或数据存储字软元件地址
S2	比较值二或数据存储字软元件地址

使用要点：

触点比较指令等同于一个常开触点，但这个常开触点的 ON/OFF 状态是由指令的两个字元件 S1 和 S2 的比较结果所决定的。当参与比较的源址同为计数器时，这两个计数器的位数必须一致。

11. 区间比较指令

区间比较指令的助记符与梯形图如表 A-30 所示。

表 A-30 区间比较指令的助记符与梯形图

助 记 符	名 称	梯形图表示
ZCP	区间比较	─┤├─ ZCP | S1. | S2. | S. | D

区间比较指令可用软元件说明如表 A-31 所示。

表 A-31 区间比较指令可用软元件说明

操作数	位元件				字元件									常数	
	X	Y	M	S	KnX	KnY	KnM	KnS	T	C	D	V	Z	K	H
S1					•	•	•	•	•	•	•	•	•	•	•
S2					•	•	•	•	•	•	•	•	•	•	•
S					•	•	•	•	•	•	•	•	•	•	•
D		•	•	•											

区间比较指令的操作数内容说明如表 A-32 所示。

表 A-32　操作数内容说明

操 作 数	内 容 说 明
S1	比较区域下限值数据或数据存储字软元件地址
S2	比较区域上限值数据或数据存储字软元件地址
S	比较值数据或数据存储字软元件地址
D	比较结果的位元件首址，占用 3 个位

ZCP 功能：当驱动条件成立时，将源址 S 与源址 S1 和源址 S2 分别进行比较，如果 S<S1，则位元件 D 为 ON；如果 S1≤S≤S2，则位元件 D+1 为 ON；如果 S>S2，则位元件 D+2 为 ON。

使用要点：
当执行 ZCP 指令后，即使驱动条件不成立，D、D+1、D+2 仍会保持当前的状态。D、D+1、D+2 一旦被指定，它们就不能再用于其他控制。

12. 步进/步进结束指令

步进/步进结束指令的助记符与梯形图如表 A-33 所示。

表 A-33　步进/步进结束指令的助记符与梯形图

助 记 符	名 称	梯形图表示
STL	步进	[STL　　S]
RET	步进结束	[RET　　　]

步进指令可用软元件说明如表 A-34 所示。

表 A-34　步进指令可用软元件说明

操作数	位元件				字元件									常数	
	X	Y	M	S	KnX	KnY	KnM	KnS	T	C	D	V	Z	K	H
S				·											

STL 功能：将步进触点接到左母线位置。
RET 功能：返回到左母线位置，退出步进状态。

13. 时钟数据读出指令

时钟数据读出指令的助记符与梯形图如表 A-35 所示。

表 A-35　时钟数据读出指令的助记符与梯形图

助 记 符	名 称	梯形图表示
TRD	读时钟数据	┤├　　　　TRD　　D

时钟数据读出指令可用软元件说明如表 A-36 所示。

表 A-36 时钟数据读出指令可用软元件说明

操作数	位元件				字元件									常数	
	X	Y	M	S	KnX	KnY	KnM	KnS	T	C	D	V	Z	K	H
S									·	·	·				

TRD 功能：将 PLC 中的特殊寄存器 D8013～D8019 的实时时钟数据传送到指定的数据寄存器中。

实时时钟数据与传送终址的对应关系如表 A-37 所示。

表 A-37 实时时钟数据与传送终址的对应关系

内　　容	设 定 范 围	特殊寄存器	传 送 终 址
年	0～99	D8018	D
月	1～12	D8017	D+1
日	1～31	D8016	D+2
时	0～23	D8015	D+3
分	0～59	D8014	D+4
秒	0～59	D8013	D+5
星期	0～6	D8019	D+6

14. 时钟数据写入指令

时钟数据写入指令的助记符与梯形图如表 A-38 所示。

表 A-38 时钟数据写入指令的助记符与梯形图

助 记 符	名 称	梯形图表示
TWR	写时钟数据	⊢ ┤├ ─ [TWR │ S]

时钟数据写入指令可用软元件说明如表 A-39 所示。

表 A-39 时钟数据写入指令可用软元件说明

操作数	位元件				字元件									常数	
	X	Y	M	S	KnX	KnY	KnM	KnS	T	C	D	V	Z	K	H
S									·	·	·				

TWR 功能：将设定的时钟数据写入 PLC 的特殊寄存器 D8013～D8019 中，当执行该指令后，PLC 的实时时钟数据立刻被更改，其对应关系也如表 A-37 所示。

15. 时钟数据比较指令

时钟数据比较指令的助记符与梯形图如表 A-40 所示。

表 A-40　时钟数据比较指令的助记符与梯形图

助　记　符	名　　称	梯形图表示
TCMP	时钟数据比较	─┤├─ TCMP S1 S2 S3 S D

时钟数据比较指令可用软元件说明如表 A-41 所示。

表 A-41　时钟数据比较指令可用软元件说明

操作数	位元件				字元件									常数	
	X	Y	M	S	KnX	KnY	KnM	KnS	T	C	D	V	Z	K	H
S1					·	·	·	·	·	·	·	·	·	·	·
S2					·	·	·	·	·	·	·	·	·	·	·
S3					·	·	·	·	·	·	·	·	·	·	·
S									·	·	·				
D	·	·	·												

时钟数据比较指令的操作数内容说明如表 A-42 所示。

表 A-42　操作数内容说明

操　作　数	内　容　说　明
S1	指定比较基准时间的"时"或其存储字元件地址，取值范围为 0～23
S2	指定比较基准时间的"分"或其存储字元件地址，取值范围为 0～59
S3	指定比较基准时间的"秒"或其存储字元件地址，取值范围为 0～59
S	指定时间数据（时、分、秒）的字元件首地址，占用 3 个位
D	根据比较结果 ON/OFF 位元件首址，占用 3 个位

TCMP 功能：当驱动条件成立时，将指定的时间数据 S（时）、S+1（分）、S+2（秒）与基准时间 S1（时）、S2（分）、S3（秒）进行比较，如果指定的时间>基准时间，则位元件 D 为 ON；如果指定的时间=基准时间，则位元件 D+1 为 ON；如果指定的时间<基准时间，则位元件 D+2 为 ON。

使用要点：

当执行 TCMP 指令后，即使驱动条件不成立，D、D+1、D+2 仍会保持当前的状态。如果需要清除比较结果，可使用 RST 或 ZRST 指令进行复位处理。在实际应用中，可能只需要其中一个判别结果，另外两个判别结果可以不在程序中体现，D、D+1、D+2 一旦被指定，它们就不能再用于其他控制。

16. 时钟数据区间比较指令

时钟数据区间比较指令的助记符与梯形图如表 A-43 所示。

表 A-43　时钟数据区间比较指令的助记符与梯形图

助 记 符	名　称	梯形图表示
TZCP	时钟数据区间比较	┤├ TZCP S1 S2 S D

时钟数据区间比较指令可用软元件说明如表 A-44 所示。

表 A-44　时钟数据区间比较指令可用软元件说明

操作数	位元件				字元件									常数	
	X	Y	M	S	KnX	KnY	KnM	KnS	T	C	D	V	Z	K	H
S1									·	·	·				
S2									·	·	·				
S									·	·	·				
D	·	·	·												

时钟数据区间比较指令的操作数内容说明如表 A-45 所示。

表 A-45　操作数内容说明

操 作 数	内 容 说 明
S1	指定时间比较的下限时间的"时"的字元件地址，占用 3 个位
S2	指定时间比较的上限时间的"时"的字元件地址，占用 3 个位
S	指定时间数据"时"的字元件地址，占用 3 个位
D	根据比较结果 ON/OFF 位元件首址，占用 3 个位

TZCP 功能：当驱动条件成立时，将指定的时间数据 S（时）、S+1（分）、S+2（秒）与上、下限比较基准时间 S1（时）、S1+1（分）、S1+2（秒）及 S2（时）、S2+1（分）、S2+2（秒）进行比较，如果指定的时间>上限时间，则位元件 D 为 ON；如果下限时间≤指定的时间≤上限时间，则位元件 D+1 为 ON；如果指定的时间<下限时间，则位元件 D+2 为 ON。

使用要点：
当执行 TZCP 指令后，即使驱动条件不成立，D、D+1、D+2 仍会保持当前的状态。如果需要清除比较结果，可使用 RST 或 ZRST 指令进行复位处理。在实际应用中，可能只需要其中一个判别结果，另外两个判别结果可以不在程序中体现，D、D+1、D+2 一旦被指定，它们就不能再用于其他控制。

17. 四则运算指令

四则运算指令的助记符与梯形图如表 A-46 所示。

表 A-46　四则运算指令的助记符与梯形图

助 记 符	名　称	梯形图表示
ADD	加法运算	⊢├─┤ ADD S1 S2 D
SUB	减法运算	⊢├─┤ SUB S1 S2 D
MUL	乘法运算	⊢├─┤ MUL S1 S2 D
DIV	除法运算	⊢├─┤ DIV S1 S2 D

四则运算指令可用软元件说明如表 A-47 所示。

表 A-47　四则运算指令可用软元件说明

操作数	位元件				字元件									常数	
	X	Y	M	S	KnX	KnY	KnM	KnS	T	C	D	V	Z	K	H
S1					•	•	•	•	•	•	•	•	•	•	•
S2					•	•	•	•	•	•	•	•	•	•	•
D					•	•	•	•	•	•	•	•	•		

ADD 功能：当驱动条件成立时，源址 S1 和 S2 内容相加，并将运算结果存放在终址 D 中。

SUB 功能：当驱动条件成立时，源址 S1 和 S2 内容相减，并将运算结果存放在终址 D 中。

MUL 功能：当驱动条件成立时，源址 S1 和 S2 内容相乘，并将运算结果存放在终址 D 中。

DIV 功能：当驱动条件成立时，源址 S1 和 S2 内容相除，并将运算结果存放在终址 D 中。

使用要点：

当驱动条件满足时，在 PLC 的每个扫描周期内，四则运算指令都将执行一次。如果源址内容没有改变，则运算结果就没有改变；如果源址内容发生了改变，则运算结果就会改变。

18. 加 1 与减 1 指令

加 1 与减 1 指令的助记符与梯形图如表 A-48 所示。

表 A-48　加 1 与减 1 指令的助记符与梯形图

助 记 符	名　称	梯形图表示
INC	加 1 运算	⊢├─┤ INC D
DEC	减 1 运算	⊢├─┤ DEC D

加 1 与减 1 指令可用软元件说明如表 A-49 所示。

表 A-49　加 1 与减 1 指令可用软元件说明

操作数	位元件				字元件									常数	
	X	Y	M	S	KnX	KnY	KnM	KnS	T	C	D	V	Z	K	H
D						·	·	·		·	·	·	·		

INC 功能：当驱动条件成立时，将终址 D 中的内容进行加 1 运算，并将运算结果存放在终址 D 中。

DEC 功能：当驱动条件成立时，将终址 D 中的内容进行减 1 运算，并将运算结果存放在终址 D 中。

19. 位"1"总和指令

位"1"总和指令的助记符与梯形图如表 A-50 所示。

表 A-50　位"1"总和指令的助记符与梯形图

助 记 符	名 称	梯形图表示
SUM	位"1"总和	⊣⊢ SUM S. D.

位"1"总和指令可用软元件说明如表 A-51 所示。

表 A-51　位"1"总和指令可用软元件说明

操作数	位元件				字元件									常数	
	X	Y	M	S	KnX	KnY	KnM	KnS	T	C	D	V	Z	K	H
S					·	·	·	·	·	·	·	·	·	·	·
D					·	·	·	·	·	·	·				

位"1"总和指令的操作数内容说明如表 A-52 所示。

表 A-52　操作数内容说明

操 作 数	内 容 说 明
S	被统计的二进制数或其存储字元件地址
D	统计结果存储字元件地址

SUM 功能：当驱动条件成立时，对源址 S 表示的二进制数中位为"1"的个数进行统计，并将结果送到终址 D。当驱动条件不成立时，虽然指令不能执行，但已经执行的程序结果输出会保持当前的状态。

使用要点：
当源址为组合位元件时，对位元件为"ON"的个数进行统计；当源址为字元件或常数(K、H)时，对其二进制数表示的位为"1"的个数进行统计，计算结果以二进制数形式传送到终址。

20. 译码指令

译码指令的助记符与梯形图如表 A-53 所示。

表 A-53　译码指令的助记符与梯形图

助　记　符	名　　称	梯形图表示
DECO	译码	┤├── DECO │ S │ D │ n │

译码指令可用软元件说明如表 A-54 所示。

表 A-54　译码指令可用软元件说明

操作数	位元件				字元件									常数	
	X	Y	M	S	KnX	KnY	KnM	KnS	T	C	D	V	Z	K	H
S	·	·	·	·					·	·	·	·	·	·	·
D		·	·	·					·	·	·				
n														·	·

译码指令的操作数内容说明如表 A-55 所示。

表 A-55　操作数内容说明

操　作　数	内　容　说　明
S	译码输入数据，或其存储字元件地址，或其位元件组合首址
D	译码输出数据存储字元件地址，或其位元件组合首址
n	S 中数据的位点数，n=1～8

DECO 功能：源址 S 所表示的二进制数为 m，当驱动条件成立时，使终址 D 中编号为 m 的元件或字元件中 b_m 位置 ON。D 的位数由 2^m 确定。

使用要点：

当执行 DECO 指令后，即使驱动条件不成立，已经执行的译码输出仍会保持当前的状态。

21. 编码指令

编码指令的助记符与梯形图如表 A-56 所示。

表 A-56　编码指令的助记符与梯形图

助　记　符	名　　称	梯形图表示
ENCO	编码	┤├── ENCO │ S │ D │ n │

编码指令可用软元件说明如表 A-57 所示。

表 A-57 编码指令可用软元件说明

操作数	位元件				字元件									常数	
	X	Y	M	S	KnX	KnY	KnM	KnS	T	C	D	V	Z	K	H
S	·	·	·	·					·	·	·	·	·		
D									·	·	·	·	·		
n														·	·

编码指令的操作数内容说明如表 A-58 所示。

表 A-58 操作数内容说明

操 作 数	内 容 说 明
S	编码输入数据存储字元件地址，或其位元件组合首址
D	编码输出数据存储字元件地址
n	S 中数据的位点数，n=1～8

ENCO 功能：当驱动条件成立时，把源址 S 中置 ON 的位元件或字元件中置 ON 的位的值转换成二进制整数传送到终址 D。S 的位数由 2^m 确定。

使用要点：

如果源址中有多个"1"，则只对最高位的"1"进行编码，其余的"1"被忽略。当执行 ENCO 指令后，即使驱动条件不成立，已经执行的编码输出仍会保持当前的状态。

22. 数据检索指令

数据检索指令的助记符与梯形图如表 A-59 所示。

表 A-59 数据检索指令的助记符与梯形图

助 记 符	名 称	梯形图表示
SER	数据检索	SER S1 S2 D n

数据检索指令可用软元件说明如表 A-60 所示。

表 A-60 数据检索指令可用软元件说明

操作数	位元件				字元件									常数	
	X	Y	M	S	KnX	KnY	KnM	KnS	T	C	D	V	Z	K	H
S1					·	·	·	·	·	·	·				
S2					·	·	·	·	·	·	·	·	·	·	·
D						·	·	·	·	·	·				
n											·			·	·

数据检索指令的操作数内容说明如表 A-61 所示。

表 A-61　操作数内容说明

操 作 数	内 容 说 明
S1	要检索的 n 个数据存储字元件首址，占用 S1～S1+n 个寄存器
S2	检索目标数据或其存储字元件地址
D	检索结果存储字元件首址，占用 D～D+5 个寄存器
n	要检索数据的个数，16 位：n=1～256；32 位：n=1～128

SER 功能：当驱动条件成立时，从以源址 S1 为首址的 n 个数据中检索出符合条件 S2 的数据的位置值，并把它们存放在以 D 为首址的 5 个寄存器中。

23. 七段译码指令

七段译码指令的助记符与梯形图如表 A-62 所示。

表 A-62　七段译码指令的助记符与梯形图

助 记 符	名 称	梯形图表示
SEGD	七段译码	├─┤ ├─┤ SEGD │ S │ D │

七段译码指令可用软元件说明如表 A-63 所示。

表 A-63　七段译码指令可用软元件说明

操作数	位元件				字元件									常数	
	X	Y	M	S	KnX	KnY	KnM	KnS	T	C	D	V	Z	K	H
S					·	·	·	·	·	·	·	·	·	·	·
D						·	·	·	·	·	·	·			

七段译码指令的操作数内容说明如表 A-64 所示。

表 A-64　操作数内容说明

操 作 数	内 容 说 明
S	存放译码数据字元件地址，其低 4 位存放一位十六进制数 0～F
D	七段码存储字元件地址，其低 8 位存放七段码，高 8 位为 0

SEGD 功能：当驱动条件成立时，把源址 S 中所存放的低 4 位十六进制数编译成相应的七段码，并将七段码保存在 D 的低 8 位中。

使用要点：
当执行 SEGD 指令后，即使驱动条件不成立，已经执行的七段码输出仍会保持当前的状态。

24. 脉冲密度指令

脉冲密度指令的助记符与梯形图如表 A-65 所示。

表 A-65 脉冲密度指令的助记符与梯形图

助 记 符	名 称	梯形图表示
SPD	脉冲密度	─┤├─ SPD S1 S2 D

脉冲密度指令可用软元件说明如表 A-66 所示。

表 A-66 脉冲密度指令可用软元件说明

操作数	位元件				字元件									常数	
	X	Y	M	S	KnX	KnY	KnM	KnS	T	C	D	V	Z	K	H
S1	·														
S2					·	·	·	·	·	·	·	·	·	·	·
D									·	·	·	·	·		

脉冲密度指令的操作数内容说明如表 A-67 所示。

表 A-67 操作数内容说明

操 作 数	内 容 说 明
S1	脉冲信号输入端口地址，只能为 X0～X5
S2	设定的脉冲检测时间长度，单位为 ms
D	在 S2 时间内的脉冲个数，占用 3 个位

SPD 功能：当驱动条件成立时，把在 S2 时间里检测的 S1 的输入脉冲的个数送到 D 中保存。

25. 条件转移指令

条件转移指令的助记符与梯形图如表 A-68 所示。

表 A-68 条件转移指令的助记符与梯形图

助 记 符	名 称	梯形图表示
CJ	条件转移	─┤├─ CJ S

条件转移指令可用软元件说明如表 A-69 所示。

表 A-69 条件转移指令可用软元件说明

操作数	位元件				字元件								常数	指针
	X	Y	M	S	KnX	KnY	KnM	KnS	T	C	D	V	Z K	P
S														·

CJ 功能：当驱动条件成立时，主程序转移到指针为 S 的程序段往下执行。当驱动条件不成立时，主程序按顺序执行指令的下一行程序并往下继续执行。

26. 子程序调用/子程序返回指令

子程序调用/子程序返回指令的助记符与梯形图如表 A-70 所示。

表 A-70　子程序调用/子程序返回指令的助记符与梯形图

助 记 符	名 称	梯形图表示
CALL	子程序调用	┤├─CALL　S
SRET	子程序返回	┤├─SRET

子程序调用指令可用软元件说明如表 A-71 所示。

表 A-71　子程序调用指令可用软元件说明

操作数	位元件				字元件								常数		指针
	X	Y	M	S	KnX	KnY	KnM	KnS	T	C	D	V	Z	K	P
S															·

CALL 功能：当驱动条件成立时，调用程序入口地址标号为 S 的子程序，即转移到标号为 S 的子程序去执行。在子程序中，执行到子程序返回指令 SRET 时，立即返回到主程序调用指令的下一行继续往下执行。

使用要点：

不能重复使用标号，也不能与 CJ 指令共同使用同一个标号，但一个标号可以被多个子程序调用。

27. 中断指令

中断指令的助记符与梯形图如表 A-72 所示。

表 A-72　中断指令的助记符与梯形图

助 记 符	名 称	梯形图表示
EI	中断允许	┤├─EI
DI	中断禁止	┤├─DI
IRET	中断返回	┤├─IRET

EI 功能：允许中断。执行 EI 指令后，在其后的程序直到出现中断禁止指令 DI 之间均允许去执行中断服务程序。

DI 功能：禁止中断。执行 DI 指令后，在其后的程序直到出现中断允许指令 EI 之间均不允许去执行中断服务程序。

IRET 功能：中断返回。在中断服务程序中，当执行到 IRET 指令时，表示中断服务程序执行结束，无条件返回到主程序继续往下执行。

FX 系列 PLC 共有 3 种中断源：外部中断、内部定时器中断和高速计数器中断，其中外部中断最为常用。外部中断指针有 6 个，对应的输入端口为 X0～X5，如表 A-73 所示。

表 A-73　外部中断指针

外部输入端口	下降沿中断	上降沿中断	禁止中断继电器
X0	I000	I001	M8050
X1	I100	I101	M8051
X2	I200	I201	M8052
X3	I300	I301	M8053
X4	I400	I401	M8054
X5	I500	I501	M8055

使用要点：

当系统上电后，FX 系列 PLC 默认工作在中断禁止状态，如果需要中断处理，则必须在程序中设置中断允许。当有多个中断请求时，中断指针编号越小，其优先级越高。

28. 循环指令

循环指令的助记符与梯形图如表 A-74 所示。

表 A-74　循环指令的助记符与梯形图

助记符	名称	梯形图表示
FOR	循环开始	┤├─ FOR S
NEXT	循环结束	┤├─ NEXT

循环指令可用软元件说明如表 A-75 所示。

表 A-75　循环指令可用软元件说明

操作数	位元件				字元件									常数	
	X	Y	M	S	KnX	KnY	KnM	KnS	T	C	D	V	Z	K	H
S					·	·	·	·	·	·	·	·	·	·	·

FOR/NEXT 功能：当在程序中扫描到 FOR/NEXT 指令时，对 FOR 和 NEXT 指令之间的程序重复执行 S 次。当循环执行 S 次后，PLC 转去执行 NEXT 指令的下一行程序。

使用要点：

FOR/NEXT 指令必须成对出现在程序中，不要出现图 A-3 所示的错误。

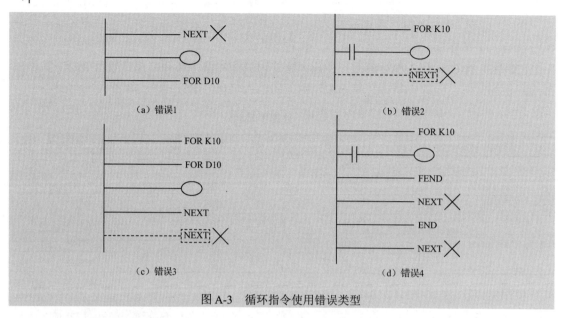

图 A-3　循环指令使用错误类型

29. 特殊功能模块读指令

特殊功能模块读指令的助记符与梯形图如表 A-76 所示。

表 A-76　特殊功能模块读指令的助记符与梯形图

助　记　符	名　　称	梯形图表示
FROM	读特殊功能模块	⊣⊢　FROM m1 m2 D n

特殊功能模块读指令可用软元件说明如表 A-77 所示。

表 A-77　特殊功能模块读指令可用软元件说明

操作数	位元件				字元件									常数	
	X	Y	M	S	KnX	KnY	KnM	KnS	T	C	D	V	Z	K	H
m1														·	·
m2														·	·
D						·	·	·	·	·	·	·	·		
n														·	·

特殊功能模块读指令的操作数内容说明如表 A-78 所示。

表 A-78　操作数内容说明

操　作　数	内　容　说　明
m1	特殊模块位置编号，m1=0～7
m2	被读出数据的 BFM 首址，m2=0～32765
D	存储 BFM 数据的字元件首址
n	传送数据个数，n=1～32765

FROM 功能：当驱动条件成立时，把 m1 模块中以 m2 为首址的 n 个缓冲存储单元的内容，读到 PLC 的以 D 为首址的 n 个数据单元中。

30. 特殊功能模块写指令

特殊功能模块写指令的助记符与梯形图如表 A-79 所示。

表 A-79 特殊功能模块写指令的助记符与梯形图

助 记 符	名 称	梯形图表示
TO	写特殊功能模块	─┤├──┤├── TO | m1 | m2 | S | n

特殊功能模块写指令可用软元件说明如表 A-80 所示。

表 A-80 特殊功能模块写指令可用软元件说明

操作数	位元件				字元件									常数	
	X	Y	M	S	KnX	KnY	KnM	KnS	T	C	D	V	Z	K	H
m1														·	·
m2														·	·
D					·	·	·	·	·	·	·	·	·	·	·
n														·	·

特殊功能模块写指令的操作数内容说明如表 A-81 所示。

表 A-81 操作数内容说明

操 作 数	内 容 说 明
m1	特殊模块位置编号，m1=0～7
m2	被写入数据的 BFM 首址，m2=0～32765
S	写入到 BFM 数据的字元件首址
n	传送数据个数，n=1～32765

TO 功能：当驱动条件成立时，把 PLC 中以 S 为首址的 n 个数据单元中的内容写入到 m1 模块中以 m2 为首址的 n 个缓冲存储单元中。

31. 变频器运行监视指令

变频器运行监视指令的助记符与梯形图如表 A-82 所示。

表 A-82 变频器运行监视指令的助记符与梯形图

助 记 符	名 称	梯形图表示
IVCK	变频器运行监视	─┤├──┤├── IVCK | S1 | S2 | D | n

变频器运行监视指令可用软元件说明如表 A-83 所示。

表 A-83　变频器运行监视指令可用软元件说明

操作数	位元件				字元件									常数	
	X	Y	M	S	KnX	KnY	KnM	KnS	T	C	D	V	Z	K	H
S1											•			•	•
S2											•			•	•
D						•	•	•			•				
n														•	

变频器运行监视指令的操作数内容说明如表 A-84 所示。

表 A-84　操作数内容说明

操 作 数	内 容 说 明
S1	变频器站号或站号存储地址
S2	功能操作指令代码或代码存储地址
D	PLC 从变频器读出的监视数据字元件地址
n	信道号

IVCK 功能：当驱动条件成立时，按照指令代码 S2 的要求，把通道 n 所连接的 S1 号变频器的运行监视数据读（复制）到 PLC 的数据存储单元 D 中。

IVCK 指令的使用说明如表 A-85 所示。

表 A-85　IVCK 指令的使用说明

读取内容（目标参数）	指令代码	操作数释义	通信方向	操作形式	通道号
输出频率值	H6F	当前值；单位为 0.01Hz	变频器 ↓ PLC	读操作	CH1 ↓ K1
输出电流值	H70	当前值；单位为 0.1A			
输出电压值	H71	当前值；单位为 0.1V			
运行状态监控	H7A	b0 = 1、H1；　正在运行			
		b1 = 1、H2；　正转运行			
		b2 = 1、H4；　反转运行			

32. 变频器运行控制指令

变频器运行控制指令的助记符与梯形图如表 A-86 所示。

表 A-86　变频器运行控制指令的助记符与梯形图

助 记 符	名 称	梯形图表示
IVDR	变频器运行控制	⊣├─ IVCR S1 S2 S3 n

变频器运行控制指令可用软元件说明如表 A-87 所示。

表 A-87　变频器运行控制指令可用软元件说明

操作数	位元件				字元件									常数	
	X	Y	M	S	KnX	KnY	KnM	KnS	T	C	D	V	Z	K	H
S1											•			•	•
S2											•			•	•
S3						•	•	•			•			•	•
n														•	

变频器运行控制指令的操作数内容说明如表 A-88 所示。

表 A-88　操作数内容说明

操　作　数	内　容　说　明
S1	变频器站号或站号存储地址
S2	功能操作指令代码或代码存储地址
S3	PLC 向变频器写入的运行数据字元件地址
n	信道号

IVDR 功能：当驱动条件成立时，按照指令代码 S2 的要求，把通道 n 所连接的 S1 号变频器的运行设定值 S3 写入该变频器中。

IVDR 指令的使用说明如表 A-89 所示。

表 A-89　IVDR 指令的使用说明

读取内容（目标参数）	指令代码	操作数释义	通信方向	操作形式	通道号
设定频率值	HED	设定值，单位为 0.01Hz			
设定运行状态	HFA	H1→停止运行	PLC ↓ 变频器	写操作	CH1 ↓ K1
		H2→正转运行			
		H4→反转运行			
		H8→低速运行			
		H10→中速运行			
		H20→高速运行			
		H40→点动运行			
设定运行模式	HFB	H0→网络模式			
		H1→外部模式			
		H2→PU 模式			

附录B 三菱FR-A740系列变频器部分功能参数

功能参数	功能名称	功能说明	初始值
0	转矩提升	可以把低频领域的电动机转矩按负荷要求调整	6%/4%/3%/2%/1%
1	上限频率	把输出频率的上限和下限钳位（0～120Hz）	120/60Hz
2	下限频率		120/60Hz
3	基准频率	设定电动机的额定转矩的频率（0～400Hz）	50Hz
4	多段速设定（高速）	仅通过外部的接点信号切换，即可选择各种速度（RH、RM、RL）	0～400Hz
5	多段速设定（中速）		0～400Hz
6	多段速设定（低速）		0～400Hz
7	加速时间	加速时间是指从0Hz开始到加减速基准频率Pr.20（出厂时为50Hz）所需的时间，减速时间是指从Pr.20（出厂时为50Hz）开始到0Hz所需的时间	5/10s
8	减速时间		5/10s
9	电子过电流保护	为保护电动机不过热而设定的电流值，通常为50Hz时电动机的额定电流 如果设定为0A，则电动机保护功能不动作	额定输出电流
10	直流制动动作频率	设定直流制动的切换频率（0～120Hz）、直流制动的动作时间（0～10s）、直流制动开始时的制动转矩（0～15%）	3/0.5Hz
11	直流制动动作时间		0.5s
12	直流制动电压		4%/2%/1%
13	启动频率	启动频率对启动转矩有很大影响，对于惯性较大或是转矩较大的负载，变频器启动频率的设定值不能为0	0.5Hz
14	适用负荷选择	根据用途（负荷特性）选择输出频率和输出电压的形式 0：恒转矩负荷用 1：低转矩负荷用 2：升降负荷反转时用 3：升降负荷正转时用	0
15	点动频率	点动运行的速度指令（0～120Hz）和加减速斜率（0～999s）	5Hz
16	点动加/减速时间	有RS-485通信功能的型号，连接FR-PU04时，设定值可以作为基本参数被读出	0.5s
17	运动旋转方向选择	用操作面板的【RUN】键运行时，选择旋转方向 0：正转；1：反转	0

多段速设定表（包含在功能参数4、5、6的说明中）：

	RH	RM	RL
高速	ON	OFF	OFF
中速	OFF	ON	OFF
低速	OFF	OFF	ON

续表

功能参数	功能名称	功能说明	初始值
19	基波频率电压	在基波频率（Pr.3）下的输出电压的大小 888：电源电压的 95% 9999：与电源电压相同	9999
20	加/减速标准频率	用 Pr.7（加速时间）和 Pr.8（减速时间）设定的时间（从 0Hz 加速和减速到 0Hz 的基准频率，1～120Hz）	50Hz
21	失速防止功能选择	当选择失速防止功能时，如果变频器输出电流超过设定值，则变频器就会中止加速时频率的增加、减速时频率的减少 用 Pr.21 可以选择失速防止功能的有无	0
24	多段速设定 （4速）	变频器的多段速端子可以组成 4～7 种不同的频率给定	9999
25	多段速设定 （5速）		9999
26	多段速设定 （6速）		9999
27	多段速设定 （7速）	频率设定范围为 0～120Hz，用 9999 设定该功能无效	9999

多段速端子组合表（位于 24～27 行功能说明中）：

	RH	RM	RL
4 速	OFF	ON	ON
5 速	ON	OFF	ON
6 速	ON	ON	OFF
7 速	ON	ON	ON

功能参数	功能名称	功能说明	初始值
29	加/减速曲线	决定加减速时的频率变化曲线 0：直线加减速 1：S 形加减速 A（用于工作机械主轴等） 2：S 形加减速 B（防止传送时物品的倒塌）	0
31	频率跳跃 1A	为避免发生机械共振，需要变频器的输出频率避开某一特定值 频率设定范围为 0～120Hz，用 9999 设定该功能无效	9999
32	频率跳跃 1B		9999
33	频率跳跃 2A		9999
34	频率跳跃 2B		9999
35	频率跳跃 3A		9999
36	频率跳跃 3B		9999
37	旋转速度显示	将操作面板的频率显示/频率设定变换成负荷速度显示。0 为输出频率的显示，0.1～999 为负荷速度显示（设定 60Hz 运行时的速度） 0，0.1～999	0
38	频率设定电压增益频率	可以任意设定来自外部的频率设定电压信号（0～5V 或 0～10V）与输出频率的关系（斜率） 1～120Hz	50Hz
39	频率设定电流增益频率	可以任意设定来自外部的频率设定电流信号（4～20mA）与输出频率的关系（斜率） 1～120Hz	50Hz
40	启动时接地检测选择	设定启动时是否运行接地检测 0：不检测　1：检测	1

功 能 参 数	功 能 名 称	功 能 说 明	初 始 值
41	频率到达动作幅度	当输出频率到达运行频率时，调整输出频率到达信号（SU）的动作幅度 0～100%	10%
42	输出频率检测	当输出频率高于一定值时，输出信号（FU）的基准值。 0～120Hz	6Hz
43	反转时输出频率检测	当输出频率高于一定值时，输出信号（FU）的基准值。反转时有效 0～120Hz，9999与Pr.42设定值一样	9999
44	第2加速时间	Pr.7的加速时间设定的第2功能 0～999s	5s
45	第2减速时间	Pr.8的减速时间设定的第2功能 0～999s，9999时加速时间=减速时间	9999
46	第2转矩提升	Pr.0转矩提升设定的第2功能 0～30%，9999无第2转矩提升	9999
47	第2 V/F（基波频率）	Pr.3基波频率的第2功能 0～4000Hz，9999第2 V/F无效	9999
48	输出电流检测水平	设定输出电流检测信号（Y12）的输出水平 0～200%	150%
49	输出电流检测信号延时时间	当输出电流高于输出电流检测水平（Pr.48），持续时间超过此时间（Pr.49）时，输出输出电流检测信号（Y12） 0～10s	0s
50	零电流检测水平	设定零电流检测信号（Y13）输出水平 0～200%	5%
51	零电流检测时间	当输出电流低于零电流检测水平（Pr.50），持续时间超过此时间（Pr.51）时，输出零电流检测信号（Y13） 0.05～1s	0.5s
52	操作面板显示数据选择	选择操作面板的显示数据 0：输出频率 1：输出电流 100：停止中设定频率/运行中输出频率	0
53	频率设定操作选择	可以用旋钮像调节音量一样运行 0：频率设定模式 1：音量调节模式	0
54	CA端子功能选择	选择CA端子所连接的显示仪表 1：输出频率监视 2：输出电流监视	1
55	频率监视标准	设定频率监视标准值 0～120Hz	50Hz
56	电流监视标准	设定电流监视标准值 0～50A	额定输出电流

续表

功能参数	功能名称	功能说明	初始值
57	再启动自由运行时间	从瞬时停电到恢复正常供电后,设定通过变频器进行再启动的等待时间 当设定为 9999 时,表示不再启动,可根据负荷大小调整时间(0～5s,9999)	9999
59	遥控设定功能选择	在操作盘和控制盘分开的情况下,可以设定遥控设定功能 0:无遥控设定功能 1:有遥控设定功能 　有频率设定值记忆功能 2:有遥控设定功能 　无频率设定值记忆功能	0
65	再试选择	可选择保护功能动作时再试报警 0:OC1～3,OV1～3,THM,THT,GF,OHT,OLT,PE,OPT 1:OC1～3 2:OV1～3 3:OC1～3,OV1～3	0
67	报警发生时再试次数	可设定保护功能动作时的再试次数 0:不再试 1～10:再试动作时无异常输出 101～110:再试动作时有异常输出	0
68	再试实施等待时间	可以设定从保护功能动作到再试时的等待时间(0.1～360s)	1s
69	再试实施次数显示消除	可以显示保护功能动作时再试成功的累计次数(0:累计次数消除)	0
70	特殊再生制动器使用率	根据变频器容量不同而不同	0～30%
71	适用电动机	设定使用的电动机 0:三菱标准电动机的热特性 1:三菱恒转矩电动机的热特性	0
72	PWM 频率选择	可以改变 PWM 载波频率。频率越大,噪声越小,但电子噪声、漏电流增加 设定用 kHz 显示 0:0.7kHz,15:14.5kHz 实行无传感器矢量控制,设定内容如下: 0～5:2kHz;6～9:6kHz 10～13:10kHz,14,15:14kHz 根据变频器容量不同而不同 设定范围为 0～15	2
73	模拟量输入选择	可设定端子 2 的输出电压规格 0～7,10～17	1

续表

功能参数	功能名称	功能说明	初始值
75	复位选择/PU 停止选择	可选择操作面板【STOP/RESET】键的功能 表： （列）输入复位 / 输入 PU 停止键 0：随时可以 / 无效（仅在 PU 操作模式或组合操作模式（Pr.79=4）时有效） 1：仅在保护功能动作时，可输入复位 14：随时可以 / 有效 15：仅在保护功能动作时，可输入复位	14
77	参数写入禁止选择	可选择参数是否可写入 0：在 PU 操作模式下，仅在停止时可以写入 1：不可写入（一部分除外） 2：运行时可写入（除外模式及运行中）	0
78	反转防止选择	可防止启动信号误输入而引起的事故 0：正转、反转均可 1：反转不可 2：正转不可	0
79	运行模式选择	0：外部/PU 切换模式 1：PU 运行模式固定 2：外部运行模式固定 3：外部/PU 组合运行模式 1 4：外部/PU 组合运行模式 2	0
128	PID 动作选择	选择 PID 控制的动作 10、20：PID 反动作；11、21：PID 正动作	10
129	PID 比例带	设定 PID 控制时的比例带 $0.1 \sim 1000\%$, 9999 无功能	100%
130	PID 积分时间	设定 PID 控制时的积分带 $0.1 \sim 3600s$, 9999 无功能	1s
131	PID 上限限定值	设定 PID 控制时的上限限定值 $0.1 \sim 100\%$, 9999 无功能	9999
132	PID 下限限定值	设定 PID 控制时的下限限定值 $0.1 \sim 100\%$, 9999 无功能	9999
133	PU 操作时的 PID 控制目标值	设定 PU 操作时 PID 的动作目标值 $0 \sim 100\%$, 9999 无功能	9999
134	PID 微分时间	设定 PID 控制时的 PID 微分时间 $0.01 \sim 10s$, 9999 无功能	9999

续表

功能参数	功能名称	功能说明	初始值
180	RL 端子功能选择	可以选择下列输入信号： 0：RL（多段速低速运行指令）	0
181	RM 端子功能选择	1：RM（多段速中速运行指令）	1
182	RH 端子功能选择	2：RH（多段速高速运行指令）	2
183	RT 端子功能选择	3：RT（第 2 功能选择） 4：AU（输入电流选择） 5：STOP（启动自保持选择） 6：MRS（输出停止） 7：PH（外部过流保护选择） 8：REX（多段速选择） 9：JOG（点动运行选择） 10：RES（复位） 14：X14（PID 控制有效端子） 16：X16（PU 操作/外部操作切换） ---：STR（反转启动）	3
190	RUN 端子功能选择	可以选择下列输入信号： 0：100（变频器运行中）	0
195	ABC1 端子功能选择	1：101（频率到达） 3：103（过负荷警报） 4：104（输出频率检测） 11：111（运行准备完毕） 12：112（输出电流检测） 13：113（零电流检测） 14：114（PID 下限限定信号） 15：115（PID 上限限定信号） 16：116（PID 正/反转信号） 98：198（轻故障输出） 99：199（报警输出）	99
232	多转速设定 （8 速）		9999
233	多转速设定 （9 速）		9999

根据接点信号（RH、RM、RL、REX）的 ON/OFF 组合，分阶段地切换转速

REX 信号用 Pr.63 分配

	RH	RM	RL	REX
8 速	OFF	OFF	OFF	ON
9 速	OFF	OFF	ON	ON
10 速	OFF	ON	OFF	ON
11 速	OFF	ON	ON	ON
12 速	ON	OFF	OFF	ON
13 速	ON	OFF	ON	ON
14 速	ON	ON	OFF	ON
15 速	ON	ON	ON	ON

功能参数	功能名称	初始值
234	多转速设定（10）	9999
235	多转速设定（11）	9999
236	多转速设定（12）	9999
237	多转速设定（13）	9999
238	多转速设定（14）	9999
239	多转速设定（15）	9999

0～120Hz，9999 不选择

续表

功能参数	功能名称	功能说明	初始值
244	冷却风扇动作选择	可控制变频器内置的冷却风扇的动作（用电源 ON 使其动作） 0：变频器电源 ON，风扇一直动作 1：变频器运行时，一直 ON；停止时，监视变频器的状态，根据温度进行开/关控制	1
245	电动机额定转差	设定电动机的额定转差，进行转差补正 0～50%，9999 无功能	9999
246	转差补正时间常数	设定转差补正的响应时间 0.01～10s	0.5s
247	恒定输出领域内转差补正选择	选择恒定输出领域内有无转差补正 0，9999 无功能	9999

参 考 文 献

[1] 高安邦，胡乃文. 变频器应用与维修实例精解. 北京：化学工业出版社，2020.

[2] 马宏骞. 三菱 FX$_{3U}$ PLC 应用实例教程. 北京：电子工业出版社，2018.

[3] 焦玉成. 电气控制技术与综合实践. 北京：中国电力出版社，2018.

[4] 范永胜，王岷. 电气控制与 PLC 应用. 北京：中国电力出版社，2017.

[5] 韩相争. PLC 与触摸屏、变频器、组态软件应用一本通. 北京：化学工业出版社，2018.

[6] 李响初. 图解三菱 PLC、变频器与触摸屏综合应用. 北京：机械工业出版社，2016.

[7] 杨后川. 三菱 PLC 应用 100 例. 北京：电子工业出版社，2017.

[8] 章祥炜. 触摸屏应用技术从入门到精通. 北京：化学工业出版社，2017.

[9] 胡雪涛. 图解 PLC 与变频器控制电路识图快速入门. 北京：机械工业出版社，2016.